餅乾研究室 II

口感造型全面提升！七大原料深入解析，配方研發終極寶典大公開

暢·銷·典·藏·版

COOKIE LABORATORY

研發達人／林文中 著

Contents

Lesson 1

餅乾製程 VS. 餅乾品質

闡述在相同配方條件下，餅乾從麵團攪拌到包裝完成的作業程序中，有可能對餅乾品質產生影響的細節說明～

Lesson 2

油脂實驗室

在固定所有烘焙條件下，比較各種油脂的餅乾口感、風味、麵團特性差異，並依其風味建議適合之製作口味及食材組合～

> 有鹽奶油／無鹽奶油／發酵奶油／無水奶油／人造酥油
> 人造白油／椰子油／可可脂／可可膏／橄欖油

配方實作示範

Lesson 3 糖類實驗室

以不同糖類製作餅乾可改變餅乾風味、顏色、烤焙著色度及餅乾機能性，固定所有烘焙條件，可對照出糖類不同的餅體差異～

細砂糖／純糖粉／綿白糖／二號砂糖／三溫糖／黑糖
楓糖粉／和三盆糖／棕梠糖／椰子花蜜糖／麥芽糖醇／海藻糖

配方實作示範

Lesson 6　焦糖系實驗室

砂糖＋糖漿＋奶油＋動物性鮮奶油，加熱煮成糖漿，再加入堅果粒，製作出具有焦糖香味、口感帶脆硬的堅果糖製品～

Lesson 7 蛋白糖系實驗室

以細砂糖為主，加入液態、粉類、奶油並搭配五穀堅果粒，配方之奶油
及低筋麵粉用量會較低，可單獨製作瓦片及薄餅～

配方實作示範

Lesson 8

蛋糖打發系實驗室

以蛋白＋細砂糖打發，再拌入杏仁粉、糖粉或低筋麵粉，而依照配方中蛋白與總糖量比例的不同，延伸出牛粒、指型餅乾、達克瓦茲、馬卡龍等～

> 蛋白 100，總糖量約為 200 以下
> 蛋白 100，總糖量約為 215 以上

配方實作示範

結合「味」、「藝」、「技」，傳遞餅乾美味與美學

2015 年 1 月，自《餅乾研究室：搞懂關鍵材料！油＋糖＋粉，學會自己調比例、寫配方》出版後，看見讀者除了分享製作餅乾成功經驗外，甚至會試著運用不同食材製作餅乾，也會自己寫配方進行試做，看見讀者對於餅乾製作的熱忱及所帶來的成就感，讓我決定再次投入寫作，希望藉由本書－《餅乾研究室 II：原料特性完全揭密，餅乾口感全面升級！》，幫助讀者解決餅乾製作所面臨的問題，同時在餅乾的製作專業度也能更加提升。

《餅乾研究室 II：原料特性完全揭密，餅乾口感全面升級！》持續延續餅乾研究室精神－「搞懂關鍵材料，學會自己寫配方」。本書在四大基礎各項原料－「油、糖、粉、液態」中，進行實驗對照比較，分析各項原物料對餅乾麵團的影響及口感變化，讓讀者更能掌握原物料特性和替換原則。而本書也延伸三大基本餅乾配方結構，增加焦糖系實驗室、蛋白糖系實驗室及蛋糖打發系實驗室，內容除了有實驗組對照比較外，也有配方比例建議，讓讀者在製作焦糖類餅乾製品、薄餅、瓦片、打發蛋白餅及馬卡龍的製品時，對配方架構和比例調整能更加有概念。

為了這次能帶給讀者更多的驚喜，在準備食譜配方示範，不但注意國內餅乾市場趨勢，也到日本做餅乾市場調查，並至合羽橋道具街和日本烘

焙材料行尋找製作餅乾新元素，希望為本書提供更多元化、具質感及有個性的餅乾食譜配方，讓讀者能從中得到啟發，並快速製作出具有市場競爭力的餅乾製品。

　　餅乾研究室 I 和 II，提供了餅乾的實作與基礎理論，利用這兩本書絕對可以提升餅乾製作的專業技術，但除了提升餅乾製作能力外，還要訓練味覺敏銳度和味道組合能力，如此才能運用不同食材搭配製作出有味質的餅乾製品，在達到味道層次後則要再搭配出餅乾的視覺美感，在「味」、「藝」、「技」三元素結合下，能透過技術將心中美味的定義和美學藝術，藉由一塊餅乾傳遞出來，不但能自己寫出喜愛的配方，還能獨創出自我風格強烈的餅乾製品。

　　餅乾研究室 II 經過一年多的思考與準備，終於順利完成，最後感謝家人的支持，讓我能停下工作四個月，專心準備寫作，並由衷感謝參與本書的製作團隊，希望藉由我們的努力，能為餅乾食譜書寫下美好的一頁。

研發達人｜

基 本 的 烘 焙 器 具 準 備

不銹鋼盆

拌勻材料使用，亦可直接加熱或隔水加熱，常用於隔水加熱融化巧克力或奶油等原料，建議選購幾個不同尺寸的大小鋼盆搭配使用。

電子磅秤

精準的磅秤可以確保材料比例正確，不建議使用彈簧秤，因為容易有誤差。建議選購至少可秤 3 公斤以上的電子磅秤。

橡皮刮刀

拌勻材料用，建議選購一體成形的橡皮刮刀，比較不會藏汙納垢，挑選時要注意橡膠耐熱度，只有耐熱材質才可以在加熱原料時使用。

打蛋器

打發蛋白或混拌材料時使用。挑選時，長度可以比不銹鋼盆高，操作時比較省力。

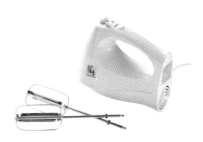

手提電動攪拌機

手提電動攪拌機的價格經濟實惠，比手持打蛋器省力許多，可用來打發蛋白和攪打少量的材料。

桌上型電動攪拌機

馬力效能大，可用來攪打量多的材料，若想製作馬卡龍，建議使用桌上型電動攪拌機，打發蛋白的穩定度較高。

粉篩

過濾粉類材料使用。挑選時以網目較細的為佳。

篩網

撒糖粉或可可粉裝飾蛋糕時使用,亦可過濾粉類或液體類材料。可依需求選擇適當尺寸。

刮板

有直線面的硬刮板和曲線面的軟刮板。硬刮板可分切麵團或奶油,軟刮板可用來刮拌麵糊。

抹刀

有 L 型和直的兩種,可用來塗抹內餡或抹薄餅時使用。

擀麵棍

製作餅乾時,多用於擀壓麵團時使用,建議購買長度至少 30 ～ 45cm。

TIPS 烤盤墊紙的選擇

餅乾麵團使用一般烤盤或鐵氟龍烤盤幾乎不大會有黏模的問題,但如果要讓餅乾烤焙後底部更平整、餅體更酥鬆,則可選用網狀耐烤矽膠墊,特別是在烤製薄餅時運用,更可讓餅體平整美觀。但缺點是,網狀耐烤矽膠墊不宜烤焙過稀或者過軟的麵糊,例如:馬卡龍、蛋白餅等,因為麵糊會滲進網狀組織,導致餅乾無法取下。

▲白報紙　　　▲烘焙紙　　　▲耐烤防沾布　　　▲耐烤矽膠墊　　▲網狀耐烤矽膠墊

便利的 烘焙道具 介紹

擠花袋
可裝入麵糊擠出造型餅乾，或當作填餡和入模時的輔助工具。以擠花袋將麵糊填入模型時，可避免麵糊溢出。

擠花嘴
可搭配擠花袋和花嘴擠出各式造型的餅乾，也可以在擠內餡時使用。最常用到的是平口花嘴、鋸齒花嘴及菊花嘴。

薄餅模片
製作薄餅時使用，抹好麵糊後拉起，可別糊塗的一起放入烤箱烘烤喔！

線鋸＋水管
使用前要以酒精消毒，將麵團塞入水管，以保鮮膜管輔助推出麵團，可以切出漂亮的餅乾體表面紋路。

各式壓模
製作造型餅乾的便利小道具，花樣選擇多。

鐵吸管
製作菸捲餅乾時使用，好脫模且餅體能快速冷卻。也可以用筷子取代。

各式小塔杯
製作小酥塔時使用。

冰淇淋挖杓器

挖取餅乾麵團的便利
器具，利用不同大小
的挖杓器，就能輕鬆
挖出麵團塑型。

造型矽膠烤模

可利用矽膠模作為容
器，為餅乾體塑型或
與巧克力結合出不同
造型。

木條、鋁條

在擀壓麵團時，利用和所需厚度一樣
厚的木條或鋁條，放在麵團左右兩側，
讓擀麵棍壓著木條（鋁條）壓擀，就
能輕鬆壓出所需厚度的麵皮了。

溫度計

可使用酒精溫度計或電子溫度計，是
煮糖時用來測量糖漿溫度的必備器具。
酒精溫度計購買時注意測量範圍，不
用時要放在盒中，避免摔到斷線，一
斷線就不能用了。

長條型框模

製作餅乾時的簡易塑
型器。

小銅鍋

煮糖時使用，若沒有銅鍋，
也可選用鍋子材質厚一點的
雪平鍋，避免導熱太快，原
料容易焦。

餅乾製程 VS. 餅乾品質

通常餅乾的攪拌法都是採用油糖拌合法,以下就以油糖拌合法為軸心,從 ❶ 油糖打發→ ❷ 加入液態→ ❸ 加入粉類→ ❹ 〈冷藏〉成型→ ❺ 烤焙技巧→ ❻ 包裝保存,六個階段說明製程對餅乾品質的影響和變化。

餅乾的麵團攪拌方式依原物料添加順序和產品屬性,可延伸出不同的攪拌方法,而在《餅乾研究室書I》中已對不同的餅乾攪拌方式有詳細的介紹,但若以相同的配方、製作程序而言,不同製作者所製作的餅乾品質還是會有明顯差異性,從餅乾麵團攪拌到包裝完成,每一道程序作業差異都會影響產品品質。

❶ 油糖打發

在相同餅乾配方下,不同油糖打發程度並不會影響餅乾的成敗,但在麵團性狀、餅乾外觀和組織口感會有以下些許差易度。

A 油糖打發程度大

[麵團性狀]因拌入空氣較多,拌入麵粉後麵團相較下會較軟、較鬆發,麵團較不易出筋,且適合製作擠形餅乾,麵團較軟、較好擠。

[餅乾品質]砂糖溶解度越大,餅乾口感就會越酥鬆,烤焙擴展度也相對較小,在擠花或造型壓模餅乾烤焙後形狀較易維持,著色度會較慢,表面顏色會較明亮。

B 油糖打發程度小,或只將油糖拌勻不打發

[麵團性狀]拌入空氣少,麵團相較之下會較硬。
[餅乾品質]糖溶解度小,餅乾的口感就會偏紮實,烤焙擴展度較大,烤焙後顏色相較下會偏暗沉。

影響奶油打發的原因

❶ 攪拌時間長短：會直接影響打發性。

❷ 奶油打發溫度：奶油溫度低，則無法輕易的以手指壓出壓痕，所以容易會有打發不足的情況，餅乾組織自然會較紮實較不酥鬆。※ 本書配方中奶油使用前皆須置於室溫達到軟化並能以手指壓出壓痕再操作。

※ 無鹽奶油通常油脂可塑性溫度範圍較廣，從 13℃～18℃皆具有可塑性，麵團能像黏土一樣整形，但製作餅乾的奶油溫度可再高一點，打發性會較佳。建議秋、冬兩季奶油使用溫度為 23～25℃，春、夏兩季則為 18～22℃，但還需配合作業環境溫度調整。若不以溫度測量，則可用手指按壓奶油方式測試，若奶油表面能不費力壓入且具有可塑性，則適合進行打發作業。

❸ 加入的液態原料溫度過低，也會使奶油變硬而影響打發性。

❷ 加入液態

加入液態後，最重要的就是要攪拌至完全乳化，通常餅乾的液態原料比例不高，所以油水分離的情況較不易發生，但在糖多的配方若液態添加比例高於麵團總量 10%以上，則可能會發生油水分離的狀況，若有油水分離情況，則要調降液態用量改善。若油水分離，水分會直接與粉結合，導致麵糊（團）容易出筋、餅乾體變紮實脆硬、易著色。而液態添加比例若低於麵團總量 10%以下，則不易有油水分離的情況，可視配方液態比例和液態種類來判定可分幾次將液態加入。

A 液態比例佔麵團總量 5%以下，液態原料可一次加入攪拌，若液態比例佔麵團總量 5%以上，則可分兩次以上加入。

B 糖比油多的配方，液態可分兩次以上加入。

　　糖越多時，代表油脂比例會減少，整體乳化力會下降，而糖多的配方，液態原料也會隨之增加，所以液態可分次加入，加入液態後，糖攪拌溶解的程度對餅乾烤焙擴展度會有些許影響，當糖粒融解度小，配合配方中的水分，餅乾的烤焙擴展度會較大、口感會偏脆硬；反之，若糖溶解度大，烤焙擴展度會較小，餅乾口感較不那麼脆硬，可依口感喜好在攪拌程度作調整。

※ 糖比油多的配方會有油水分離的情形。

C 依加入液態原料的乳化程度來調整液態加入次數。

　　鮮奶油和蛋黃乳化性較好，質地偏濃稠，與油糖麵糊軟硬度較接近，很容易與麵糊結合，達到乳化完全程度，所以可一次加入；而牛奶、果汁及酒類的乳化性較差，質地較稀，所以可分次加入，但還是需要配合液態添加總比例，來調整分次的次數。

　　當然个論何種情況，要將液態分三次加入也是可以，只要將液態攪拌至完全乳化，在這個步驟並不會造成失敗或對餅乾品質有大幅度的影響。

❸ 加入粉類

麵粉加入後需攪拌到何種程度？最常聽到的說法是攪拌至均勻，而所謂的麵團均勻程度，最好就是攪拌至看不到乾麵粉的那一刻就立即停止攪拌，原因是，麵糊再繼續攪拌下去，原本鬆發的麵糊會越來越紮實，再繼續拌下去則會出筋，出筋的麵團表面會有油亮感，烤焙後餅乾膨脹度小，視覺感沉重紮實，口感會較硬，餅乾表面顏色會較暗沉。

所以攪拌均勻的狀態，最好是麵團看起來有空氣感，表面粗糙無光澤度，帶點微量的乾粉都可被接受，因為不論何種成型方式，**麵團都會再次被攪動，後續成型動作也須被考慮當作讓麵團拌勻的作業過程之一**，所以，應依照不同的成型方式、配方比例，調整麵粉拌勻的程度。麵粉拌勻作業相當重要，所影響的並非口感喜好的問題，確實會影響產品品質，就算糖油打發和加液態都有確實操作好，但若加粉後過度攪拌，整體品質還是會被影響。

以下列不同成型方式和配方比例，建議攪拌均勻程度：

A 擠型奶酥餅乾

麵糊攪拌完成即裝入擠花袋進行擠花動作，而麵糊經過擠壓則會變紮實，加上擠花袋握在手中如果時間太久，麵糊很容易會出筋、出油，若擠花速度不快，後段擠出的麵糊很容易就會有油亮感，所以加入粉類後，建議可拌至麵團表面帶有些許微量乾粉的狀態，再進行後續擠型作業會較理想。

B 麵粉總量高於油糖總量的配方

麵團適合攪拌至表面有微量乾粉的狀態，若過度均勻，很容易造成麵團出筋。但麵粉總量過份低於油糖總量時，則較不容易出筋，可攪拌至無乾粉的狀態，而通常此類麵糊會偏軟，雖然很快可拌至無乾粉狀態，但麵糊攪拌的摩擦力較小，需確認麵粉是否有均勻分散在麵團中。

C 麵團若需經過冷藏作業

麵團拌勻程度可比表面有微量乾粉再多一些乾粉殘留，因為自冷藏取出，還需將麵團壓揉至軟硬度均勻，在壓揉的過程又會讓麵團更均勻。經過冷藏的麵團在烤焙擴展度和膨脹度會比直接成型烤焙的麵團還小，口感也會較不酥鬆，若加上麵團攪拌越均勻，經冷藏整型烤焙後，在烤焙擴展度和烤焙膨脹度也會隨之變小，口感同樣也會變較不酥鬆。

果乾、果粒加入時機點	通常堅果、果乾都會在加入麵粉這個階段加入，為了避免麵團攪拌太過均勻，千萬不要將麵團攪拌均勻後才加入果粒，可依原物料種類不同，在不同時機點加入。如杏仁角、巧克力豆等，顆粒較小，質地較堅硬的果粒，可同時和麵粉一起加入拌勻；顆粒較大、質地較堅硬的堅果，如1/2切夏威夷豆、整顆杏仁和夏威夷豆等，可在麵團半均勻狀態拌入；而像水果乾、蔓越莓乾等質地稍軟但不易破裂，可在麵團半均勻狀態就加入；而泡洒葡萄乾或水分較高的果乾，則要在麵團接近均勻狀態時冉加入，因為這類果粒很容易在攪拌中破裂，釋出糖液將麵團染色。所以可依食材特性，並掌握果粒能均勻分布在麵團中，而麵團又不會被過度攪拌的原則下，判斷果粒加入時機點。

④ 〈冷藏〉成型

麵團經冷藏後整型烤焙，餅體會較紮實、擴展度較小，餅乾形狀較易維持

　　麵團經過冷藏〈冷凍〉較不黏手，操作過程應降低或不使用手粉，因為手粉使用量太多，餅乾表面光澤度會較差，而麵皮壓模完，會再收集剩餘麵團重新擀壓，如此一來，先前使用的手粉都會變成麵團配方的一部分，進而影響餅乾口感。建議可在麵團上、下墊上烤盤布或塑膠帶，可防止沾黏並減少手粉用量，甚至不用添加手粉，擀製完成再冰硬，壓模時就不會有黏手問題，而使用過的塑膠袋也可折起來冰入冷凍重覆使用。

　　麵團全程保持低溫，就不易產生出筋出油的問題，若麵團回溫再操作，麵團不但會軟黏，增加操作困難度，也容易出筋出油。

麵團直接成型後烤焙，餅體會較酥鬆，擴展度較大，較不易上色

　　完成麵團攪拌到入爐烤焙的時間盡可能不要太長，操作環境溫度也不宜太高，尤其手工製作，手溫很容易讓麵團在成型作業過程中出油，而反覆擠壓、擀壓以及重新成型，都會造成麵團出筋，麵團出筋後則會開始出油，則可明顯感受麵團表面有一層油光，再加上手溫操作會將麵團油脂帶到麵團表面，造成麵團中的油脂量降低，烤焙完成的餅乾口感也會缺乏酥鬆感，餅體紮實、餅乾烤焙顏色也會較暗沉。當麵團攪拌完成後，麵粉會開始吸收麵團水分，麵團成型作業拉長，麵團就會變硬，手工不易擠出成型，如此也會讓餅乾口感變紮實。

　　所以成型作業除了控制麵團溫度和操作環境溫度，也需熟練、快速完成作業，如此就能烤出品質好的餅乾。

5 烤焙技巧

餅乾烤焙最簡單的目的是熟化、固化麵團，讓內部組織與表面上色並產生烤焙香氣，同時降低水分，使餅乾達到酥鬆脆硬的口感。通常烤油糖成分較高的餅乾幾乎不使用 200℃以上的溫度烤焙，因為油糖成份重，若以高溫烤焙，內部組織還沒上色、水分也還收得不夠乾，但表面可能已經焦黑了。所以常見的烤焙溫度範圍約在 140 ～ 180℃，通常上火會比下火溫度高或上下火溫度一致，不太會有下火較強的烤焙方式，因為下火太強，除了底部上色會太深，底部會太快定型也會影響餅乾擴展度。

A 烤箱溫度設定

依筆者經驗，溫度設在上火 150℃／下火 140℃，**最能將餅乾組織與表面顏色烤至均勻上色**，達到最佳酥烤效果，但餅乾從上色到焦化速度會較緩慢，缺點是整體烤焙時間會較久，產能會較低。若將溫度調高至上火 160℃／下火 150℃，或上火 170℃／下火 160℃，則可縮短烤焙時間，但餅乾周圍和底部上色程度會越明顯，當溫度到達 170℃，餅乾從上色到焦化速度會較快，2 ～ 3 分鐘內顏色就會有明顯變化，要確實留意烤焙狀況。在兼顧產能和餅乾烤焙品質狀況下，可先使用較高溫度（上火 170℃／下火 160℃）烤前半段，再以（上火 150℃／下火 140℃）酥烤後半段，既能縮短烤焙時間，也能讓上色度更加均勻。

在書中如巧克力棉花糖和榛果無花果餅乾這類糖比油多、烤焙後表面會產生裂紋的餅乾，則會使用上火強、下火弱的烤焙方式（上火 190℃／下火 130℃），讓表皮快速成形，同時麵團持續擴展膨脹，使烤焙後出現明顯裂紋，若將底火溫度調高，則麵團底部會較快定型，整體擴展度則會較小，影響裂紋形成。若要讓餅乾表面平整，如卡蕾特，也可使用上火強、下火弱的烤焙方式（上火 190℃／下火 130℃），若底火太高，餅乾中間容易膨脹隆起。

不同類型和不同麵團重量，在烤焙溫度都會有些許不同，若是烤焙經驗或餅乾烤焙參數不足，而無法設定烤焙溫度時，可用上火 150℃／下火 140℃試烤，烤焙品質不會太差，再觀察烤焙表面上色度、底部上色度、擴展程度、表面狀態，記錄烤焙時間並考慮烤焙產能來調整上下火的溫度，而若餅乾製作參數夠多，則可比較配方比例結構，也可得到烤焙溫度、時間設定的依據。

B 烤箱類型應對

　　不同類型、廠牌的烤箱，在火力強度都會有些許差異，即使以不同烤箱設定相同溫度烤相同的製品，所需的烤焙時間還是會有明顯差異，如本書分別使用家用式烤箱和整盤電烤爐烤焙餅乾，比較之下，整盤電烤爐的火力強度明顯比家用式烤箱更強，所以家用式烤箱所設定的溫度和時間要改由整盤電烤爐烤焙，則必須調降設定溫度或縮短時間來對應，才能烤出相同品質的餅乾。而家用式烤箱又有直火烤焙和旋風烤焙功能可選擇，直火烤焙功能火力又比炫風烤焙火力更強，所以若以相同溫度但不同功能，還是會有 3 ～ 5 分鐘的時間差。

C 烤具種類差異

　　而麵團放在鋁（鐵）盤、矽膠墊與網狀矽膠墊相比，餅乾品質也會有很大的差易，網狀矽膠墊所烤焙出的餅乾底部平整，整體口感會更加酥鬆，烤焙時間也會比矽膠墊更快，而每種裝承麵團的烤具導熱係數不同，也會造成烤焙溫度與時間有些許差異。

　　所以不同品牌種類的烤箱，不同配方種類的麵團和不同材質的烤具，都會造成烤焙溫度時間的差異，還是必須依自己實際烤焙狀態做調整。

6 包裝與保存

　　餅乾烤焙完成冷卻後，水分通常會在 2%以下，因為水分低，所以在保存過程中並不會有發霉的情況，較常有的品質變化應該為餅乾外觀破損不完整、餅乾吸濕軟化和酸化的現象，而可能造成原因如下：

A 餅乾外觀破損不完整

　　除了人為外力因素導製餅乾破裂外，餅乾組織過於酥鬆也容易造成破損，所以通常大量餅乾製造者若製作太酥鬆的餅乾，容易在分裝和運送過程產生破裂，導致產品不良率和客訴比例都會提高，所以在餅乾的配方和形狀都必須考慮是否容易造成破損的情況。而在冷凍小西餅或麵團較乾硬的麵團

加入顆粒較大的堅果粒,堅果粒也容易在烤焙包裝後產生脫落的情況,通常機械成型的冰箱小西餅外層都會包覆一層無果粒的麵團,如此在餅乾烤焙的形狀會較規格化外,添加較大顆的果粒也較不易會脫離餅體。所以在書中的珍珠糖咖啡杏仁餅乾,添加完整杏仁,所以外層以單純麵團包覆,減少杏仁粒脫落狀況。或者換為較小的果粒也可以有效改善。

B 餅乾吸濕軟化

餅乾烤焙冷卻後,若無立即包裝,餅乾會吸收空氣中的水氣,造成餅乾水分提高、口感變軟,餅乾配方中若吸濕性材料過多,如添加含蜜糖或蜂蜜等吸濕性較高的原料,則會影響餅乾的保存安定性。包裝後若封口不完整,也會使餅乾回軟,尤其一般家庭式封口機,在封口後不太容易檢測封口的完整性,餅乾很容易就受潮。通常在測試包裝封口完整性時,會使用測漏液檢測,若有封口不完整,測漏液即會滲透過去,若無測漏液,則可使用沙拉油替代,將沙拉油倒入完成封口袋中,若有封口不良,沙拉油即會滲透過去,是簡易又方便的測試法。餅乾包裝即使再完整,但經過長時間保存,口感還是會有變化,所以需要確實試吃,測試口感變化。

C 酸化

書中所示範的餅乾成分較重,油脂含量比例較高,而又使用天然奶油,其油脂安定性會比人造奶油差,所以在保存過程中會有油脂酸化的現象,而餅乾麵團中也會加入椰子粉、杏仁粉、油脂含量較高的堅果類,而這類原料也容易造成酸化情形,所以保存期限不要超過一個月會較佳。若要讓餅乾保存更穩定,可加入抗氧化劑增加安定性,如天然抗氧化劑維生素E,但手工餅乾還是建議在最短的時間內食用完會較好,配方也越天然、不複雜越好,不僅自己吃得安心,也符合現在消費者對食品安全的期待。

餅乾製作比蛋糕和麵包製作簡易,成功率高,所以即使製作過程沒有掌握好關鍵技巧或操作不熟練,其實還是可以做出餅乾成品,影響不及更動配方所帶來的變化大,但若了解製法上的變化所帶來的影響,再搭配餅乾配方變化,必定能製作出好品質又好吃的餅乾製品。

Lesson 2

油脂實驗室

添加天然奶油會使麵團性狀具有黏性，麵團烤焙後會增加奶香味和酥鬆口感。以下除了天然無／有鹽奶油外，也加入其它油脂類製作對照，比較各種油脂之餅乾口感、風味、麵團特性之差異，並依其風味建議適合之製作口味及食材組合。以下實驗固定所有烘焙條件，對照出油脂不同的餅體差異。

原料 評比項目	有鹽奶油 含脂率81.4%	無鹽奶油 含脂率82.9%
油脂	100g	100g
細砂糖	55g	55g
全蛋液	20g	20g
低筋麵粉	150g	150g
總和	325g	325g
烘烤前		
烘烤後		
麵糊軟硬度	◎	◎
冷藏後硬度	◎	◎
烤焙上色度	◎	◎
餅體酥鬆度	◎	◎
餅體奶香氣	◎	◎

發酵奶油	無水奶油	酥油	白油	椰子油
含脂率82%	含脂率100%	含脂率100%	含脂率100%	含脂率99.99%
100g	100g	100g	100g	100g
55g	55g	55g	55g	55g
20g	20g	20g	20g	20g
150g	150g	150g	150g	150g
325g	325g	325g	325g	325g
◎	●	●	●	○
◎	◎	◎	◎	●
◎	◎	◎	◎	●
◎	●	●	●	○
○	●	○	×	椰子風味

●：最（香、酥鬆、硬、深）　◎：適中　○：尚可　×：差（軟、淺）
※ 固定材料比例，變動油脂。以上火 170℃／下火 160℃烤 17 分鐘。

025

評比項目 原料	可可脂 含脂率100%	可可膏 含脂率52%	橄欖油 含脂率接近100%
油脂	100g	100g	100g
細砂糖	55g	55g	55g
全蛋液	20g	20g	20g
低筋麵粉	150g	150g	150g
總和	325g	325g	325g
烘烤前			
烘烤後			
麵糊軟硬度	○	無法成團呈粉粒狀	○
冷藏後硬度	●		×
烤焙上色度	●		●
餅體酥鬆度	○		○
餅體奶香氣	類似白巧克力味	可可香味	橄欖油味

●：最（香、酥鬆、硬、深）　◎：適中　○：尚可　×：差（軟、淺）

※ 固定材料比例，變動油脂。以上火 170℃／下火 160℃烤 17 分鐘。

油脂
實驗結果
說明

[麵糊軟硬度]

脂肪含量越高的固體油脂，製作的麵團性狀會較硬，如無水奶油、酥油及白油，三者比較下，無水奶油的麵團性狀最軟黏，而酥油和白油的麵團性狀較硬、黏性較低；而有／無鹽奶油和發酵奶油的麵團性狀會較軟、具有黏性，相較下擠出成型作業會較輕易；而可可脂、椰子油及橄欖油，三者都必須在液態油狀態下進行攪拌，麵團最軟但無空氣感、較紮實，攪拌完成後，油脂會漸漸滲出，麵團則會更紮實；而可可膏油脂含量較低，性狀像乾掉鬆散的泥土而無法成團。

[冷藏後硬度]

製作冰箱小西餅會將麵團冷藏再進行切片作業，若麵團冷藏後硬度高，切片作業容易因麵團硬脆而產生破裂。橄欖油即使在低溫下還是呈現液態狀，所以麵團經過冷藏還是不會變硬；有／無鹽奶油、發酵奶油及無水奶油，冷藏後切片作業較佳，能完整切出片狀；而酥油和白油切片後較有斷裂之情況，尤其以白油更為明顯；椰子油與可可脂經冷藏後硬度最硬，因油脂的可塑溫度範圍較小，以可可脂為例，即使溫度變化也只有固態與液態兩種狀態，所以麵團於低溫下會太硬，麵團溫度升高又會變軟，所以不適合冷藏切片，但椰子油會有半凝固狀態，若以手工製作可能還可克服可塑溫度範圍較小的問題。

[烤焙上色度]

有／無鹽奶油、發酵奶油、無水奶油、酥油及白油，在同樣條件下烤焙，外觀色澤並無太大差別，而椰子油，可可脂及橄欖油的麵團攪拌後易出油，出油的麵團在烤焙上色度會較深。

[餅體酥鬆度]

餅乾酥鬆度以無水奶油、酥油及白油的酥鬆度最好，固體油脂含量越高，酥鬆度則會越佳，而酥油和白油為人造油脂，成份中含有乳化劑，餅體口感不但酥鬆，擠花形狀經烤焙後擠花紋路較明顯，而無水奶油麵團烤焙後紋路較不明顯立體；有／無鹽奶油和發酵奶油口感相較之下較酥脆；液體油脂缺乏固體油脂的乳化打發性和烤酥性。當固體油拌入麵團中，會形成薄膜均勻分散在麵團中，並阻礙麵筋形成，烤焙後餅乾會較為酥鬆。液體油脂滲透性較強，麵團會較紮實外，餅乾口感相對也會較為紮實，將餅乾體切開，固體油脂的組織會較有空氣感，液體油的組織會較紮實，酥鬆度會較差。

[餅體奶香氣]

奶油香氣以無水奶油最濃郁，其次為有／無鹽奶油，比較下發酵奶油之奶香味會偏淡，以這四種油脂烤焙出得餅乾，經過包裝保存，奶油香氣會越來越濃郁（一個禮拜內）。而人造酥油有添加色素香料，餅乾也會有淡淡奶香味，但香料與空氣接觸會產生變化，而色素也會有變淡的可能，所以餅乾經保存後，味道和香氣品質會越低落。而椰子油、可可脂、可可膏及橄欖油分別有其特色風味，所製作的餅乾並不帶有奶油香氣。

油脂運用&口味搭配建議

A 有／無鹽奶油

　　製作烘焙製品最常使用無鹽奶油，因為有鹽奶油的鹽份會影響或破壞製品風味呈現，但在麵包、蛋糕及餅乾製作，配方中多少都能看到鹽的出現，和鹽會影響製品風味的說法則產生矛盾之處，若從日常生活吃西瓜方式來解釋，西瓜沾鹽後吃會更甜，但加鹽後的西瓜風味的確是會有改變的，但還是可依個人喜好作選擇。

　　有鹽奶油可在製作鹹口味餅乾或藉由鹽來平衡、降低餅乾甜味時直接加入使用，此時則可不必另外加鹽。而有／無鹽奶油具有獨特奶油風味，使餅乾產生濃郁奶油香氣，所以即使不添加風味性原料，利用有／無鹽奶油、糖、蛋及麵粉，便可製作出奶油香味濃郁的餅乾，並適合搭配製作各式口味餅乾。

B 發酵奶油

　　發酵奶油會有淡淡發酵乳酸香氣，奶油顏色較白，烤焙後的餅乾體顏色也較白，奶香味較淡，很適合製作水果風味餅乾，可搭配優格讓麵糊酸氣更明顯清爽，若想製作顏色較白的餅乾，可搭配海藻糖（烤焙不易上色）、蛋白，鮮奶油及玉米粉，都能有效讓顏色變白，而若要製作有色麵團，如抹茶、草莓或紫芋等，使用顏色較白或無色的原料較不會干擾顏色呈現，例如：抹茶＋蛋黃和抹茶＋蛋白，所調和出的顏色會有些許差異。

C 無水奶油

　　若不想使用人造酥油或白油，可用無水奶油取代，烤酥性佳，但為天然油脂，乳化效果比酥油、白油差，所以餅乾烤焙外觀狀態和效果會有差異，但風味和原料天然性較好。在配方中可添加少量白巧克力、花生醬、榛果醬，可可膏或軟質巧克力醬來變化餅乾口味，但此類原料油脂含量較低，含脂率從 30%～60% 不等，若是以替代油脂加入配方，則可使用含脂率較高的無水奶油搭配，平衡配方整體油脂量，並同時調整液態和粉量來達到配方平衡（詳細替換概念可參閱 P.36 切達乳酪番茄餅乾）。雖然無水奶油和有／無鹽奶油可以等量替換，但在沒有添加液態的配方就不適合使用無水奶油，烤出來的餅乾會出油，組織偏粉、烤不熟。而在其他配方使用無水奶油，則會更增加奶油香味，口感也會更酥鬆。

D 人造酥油

　　人造油脂價格會較便宜、油脂穩定、操作性佳，並可控制油脂融點，即使環境溫度高，油脂還是呈現固態狀，製作出的餅乾雖然較酥鬆，但香味較差，可能需要再添加香料或添加風味原料來補足其缺點，對於要製作出高品質的天然手工餅乾，多半不會選擇使用人造油脂，人造酥油會因不同品牌和不同製造商，油脂品質和特性也會不同。

E 人造白油

　　白油為白色無味無臭的油脂，用於餅乾製作口感雖然酥鬆，但缺乏香氣，須加入風味性原料補足其缺點。常用於夾心內餡的製作，因油脂對溫度變化較安定，色澤為白色又無味，對於添加的香料、色素及果汁粉等，顏色和香味的干擾較小，製作餡料的效果會較好，但油脂為非天然性食材，若要製作高品質手工餅乾，建議使用發酵奶油取代。製作水果口味夾心餡，也可使用調溫

白巧克力搭配發酵奶油，並加入果醬或果汁粉，不但果汁粉味道會較明顯、味道也會更有質感。可參考《餅乾研究室Ⅰ》P.85 杏桃和黑醋栗夾心餅乾餡料製作。人造白油會因不同品牌和製造商，油脂品質和特性也會不同。

F 椰子油

椰子油容易被人體消化，不易囤積體內且具特殊營養價值，用於餅乾製作雖沒有奶香味，但會有椰子香氣，很適合搭配黑糖、咖啡、巧克力，或椰子粉等口味製作餅乾，用量和用法和有／無鹽奶油相同，椰子油約於 25℃以下漸漸會凝固，最好在椰子油半凝固狀態進行麵團攪拌作業，若是在液態時作業，麵團很容易會滲油，餅乾口感會較紮實。

冰過的麵團會較硬不好分切，若要製作冰箱小西餅，可用少量橄欖油取代椰子油，降低冷藏後硬度以利分切。而椰子油含脂率約達 100%，所以不適合利用在無液態餅乾配方，而若要製作全素餅乾，建議可用椰子油、糖、豆漿及麵粉的組合，即可製作全素餅乾。

G 可可脂

可可脂製作餅乾會帶有淡淡類似白巧克力的味道，但味道並不明顯、特別，使用前必須將可可脂融化，所以製作出的餅乾體會較紮實，而可可脂單價又高，雖可製作餅乾，但還是不建議使用。本書中的白巧克力餅乾則是添加部分白巧克力取代油脂，所製作出的餅乾乳脂香氣濃郁，整體味道明顯會比使用可可脂更具風味特色，所以較建議使用調溫白巧克力。

H 可可膏

可可膏味道濃郁純苦，是製作調溫苦甜、牛奶巧克力的原料，不含糖、香料及大豆卵磷脂，含脂率約在 52%，使用前必須隔水加熱融化，經實驗對照，將可可膏直接取代有／無鹽奶油，製作出的麵團會太乾硬、無法成團，所以配方必須調整。而添加可可膏會讓餅乾可可風味更加濃郁外，餅乾的可可顏色也會較深，與添加可可粉效果有差異。

書中於巧克力卡蕾特中，以可可膏取代部分油脂，而黑巧克力餅乾則以苦甜巧克力（含糖）完全取代油脂，配方調整概念方向可參閱食譜示範中，P.36 切達乳酪番茄餅乾和 P.44 黑巧克力餅乾的研發筆記本。

I 橄欖油

挑選橄欖油製作餅乾時，可選擇風味較不濃郁，味道較清爽的特級初榨橄欖油，好的橄欖油可耐熱到200℃，但通常餅乾的烤焙溫度並不會超過 200℃，所以用來製作餅乾並不會造成油脂變質。

橄欖油經過低溫冷藏還是呈現液體狀態，所以並不適合製作冰箱小西餅，而使用液態油脂製作的餅乾口感會較紮實，麵團容易滲油，所以攪拌完成到入爐，過程要越快越好，注意加入麵粉後不要過度攪拌均勻，就能稍微改善餅體較紮實的缺點。

使用橄欖油製作餅乾可選用糖比例較高的配方，如油：糖＝ 1:1 的配方，讓糖能推開餅體組織，餅乾口感會較脆。橄欖油製作的餅乾會有明顯的橄欖油風味，但會比用有／無鹽奶油所製作的餅乾口感更清爽，較不油膩，建議可搭配黑糖、楓糖漿〈粉〉、燕麥、雜糧〈粉〉、花生粉、全麥粉等五穀雜糧，也可加入可可粉和咖啡粉等變化口味，則可製作出一系列不油膩、健康養生又好吃的橄欖油餅乾。

建議也可用橄欖油、糖、豆漿及麵粉的組合即可製作全素餅乾。

 # 鹽之花牛蒡餅乾

製作份量
約 5g×65 片

最佳賞味
常溫 14 天

主體配方

食材	實際用量 (g)	烘焙百分比 (%)
有鹽奶油	80	160
糖粉	60	120
全蛋	30	60
芥末醬	13	26
乳酪粉	15	30
杏仁粉	30	60
低筋麵粉	50	100
裸麥粉	30	60
牛蒡粉	30	60
七味粉	3	6
total	341	682

其他材料

鹽之花適量

研發筆記

● 粉多麵團較快變硬

配方中粉類比例略高，麵團變硬的時間會更短，所以攪拌完成後要立即完成塑形。

● 粉多不要過度攪拌

粉類偏高的餅乾配方，如果沒有經過冷藏後再作業，麵團容易會有出筋和出油的情形，所以加入麵粉後不要過度拌勻，一旦出筋或出油，餅乾組織會變紮實，烤焙顏色也會變得暗沉。

● 自製牛蒡粉

新鮮牛蒡削皮、斜切 0.2cm 薄片泡入清水中，將水瀝掉後再以清水洗一次後瀝乾，排入蔬果烘乾機，以 57℃烘乾約 5 小時。取出冷卻，以食物研磨機打成粉末即可。

※ 亦可購買市售天然牛蒡粉取代。

01 有鹽奶油＋糖粉（a），拌勻（b），以打蛋器稍微打發（c）。

02 倒入全蛋液（d），打發到完全乳化，加入芥末醬（e），拌勻。

03 乳酪粉＋杏仁粉＋低筋麵粉＋裸麥粉＋牛蒡粉＋七味粉，混合均勻（f），倒入鋼盆（g），
　　拌勻（h）。

04 使用寬 1.7cm 扁平鋸齒花嘴（i），擠 4.5cm 長條（j），表面撒上鹽之花（k），以上火
　　160℃／下火 150℃烤約 12 分鐘即可。

切達乳酪番茄餅乾

製作份量
約 5~6g × 55 片

最佳賞味
常溫 14 天

主體 配 方

食材	實際用量 (g)	烘焙百分比 (%)
切達乳酪	30	31.6
無水奶油	60	63.2
糖粉	75	78.9
全蛋液	35	36.8
帕馬森乳酪粉	45	47.4
天然番茄粉	5	5.3
低筋麵粉	95	100.0
酒漬番茄乾	12	12.6
黑胡椒粒	1	1.1
義大利香料	0.5	0.5
total	358.5	377.4

其他材料

黑胡椒粒適量、帕馬森乳酪粉適量

研發筆記

🌑 酒漬番茄乾製作

番茄乾切細碎，取細碎番茄乾 8g，加入 4g 紅酒均勻混合，備用。

※ 配方中若不使用酒漬番茄乾，也可直接省略不加。

🌑 自製番茄乾

新鮮小番茄切半，倒入須蓋過番茄的糖水（細砂糖與沸水以 1：2 的比例，攪拌至糖融化，冷卻備用。），放入冰箱冷藏醃漬約 24 小時。取出瀝乾，切面朝上排放入蔬果烘乾機，以 57℃烘乾，取出冷卻備用。

※ 亦可使用市售番茄乾。

作法

01 軟化切達乳酪＋ 1/2 糖粉，拌勻（a~b），加入無水奶油和剩餘糖粉（c），拌勻，以打蛋器
　　稍微打發（d）。

02 倒入全蛋液（e），打發至完全乳化（f），將乳酪粉＋天然番茄粉＋低筋麵粉＋黑胡椒粒＋
　　義大利香料，混勻加入鋼盆中（g）。

03 拌到快均勻時（h），加入酒漬番茄乾（i），拌勻，使用 0.8cm 平口花嘴，擠 3 個小圓（j）。

04 撒上黑胡椒粒（k）和帕馬森乳酪粉（l），放進烤箱（m），以上火 160℃／ 140℃烤約 17
　　分鐘即可。

● 切達乳酪取代部分油脂之配方解析

切達乳酪的脂肪含量約為 32%，所以無法等量取代奶油用量。以下列舉添加切達乳酪配方調整的方式及概念。

/ 配方對照 /

食材	A配方	B配方
有鹽奶油		85
無水奶油	60	
切達乳酪	30	
糖粉	75	75
全蛋液	35	35
帕馬森乳酪粉	45	45
天然番茄粉	5	5
低筋麵粉	95	95
酒漬番茄乾	12	12
黑胡椒粒	1	1
義大利香料	0.5	0.5
total	358.5	353.5

A 配方油脂用量計算

食材	使用量	含脂率	實際油脂量
無水奶油	60g×	100%＝	60g
切達乳酪	30g×	32% ＝	9.6g
total			69.6g

B 配方油脂用量計算

食材	使用量	含脂率	實際油脂量
有鹽奶	85g×	82%＝	69.7g
total			69.7g

01 選擇一個餅乾安全配方（可參考《餅乾研究室 I》P.24 三大基本餅乾配方結構）。

02 計算兩配方實際含脂率，調整至兩配方在實際脂肪含量相當。

03 調整液態原料與粉量。

／配 方對照／

● 切達乳酪取代部分油脂之配方解析

A 配方使用含脂率較高的無水奶油，平衡含脂率較低的切達乳酪，讓配方中的油脂實際含脂率幾乎能和 B 配方相同。雖然兩個配方皆成立，但麵團性狀會有些許差別。

從油脂實驗室中可得知，使用無水奶油所製作出的麵團明顯會比有鹽奶油還來的硬，若使用含脂率 32%的切達乳酪等量取代有鹽奶油製作麵團，則會讓麵團太乾而無法成團，由此可知 B 配方麵團會比 A 配方的麵團性狀還軟。

所以若要 A 配方的無水奶油和切達乳酪改以有鹽奶油取代，可適度調高麵粉用量或適度降低全蛋液含量，讓麵團性狀和餅乾口感不至於有太明顯之變化，而通常製作乳酪風味餅乾大多使用帕馬森起司粉、濃味起司粉及淡味起司粉，在塊狀乳酪的添加會較少，若是增加塊狀乳酪原料，乳酪餅乾的風味樣貌則可更多元化。

也可將花生醬、芝麻醬、軟質巧克力、榛果醬等，油脂含量在 30～50%的類似原料，以相同的概念套入餅乾配方中。讀者也可嘗試到超市或起司專賣櫃位挑一塊起司，做出自己專屬的乳酪餅乾！

黑巧克力餅乾 ▶ P.42

完全以苦甜巧克力取代油脂

雜糧餅乾

/ 主體 配 方 /

食材	實際用量 (g)	烘焙百分比 (%)
橄欖油	80	106.7
黑糖粉	45	60.0
細砂糖	40	53.3
楓糖漿	15	20.0
全蛋液	45	60.0
雜糧預拌粉	45	60.0
低筋麵粉	75	100.0
杏仁粉	25	33.3
燕麥片	25	33.3
杏仁角	40	53.3
total	435	579.9

研|發
筆|記

● 完全以橄欖油來製作餅乾的美味技巧

使用橄欖油製作餅乾,可選擇油脂與糖量相當的配方,可降低烤焙後橄欖油的味道,而在糖類的部分也可使用黑糖和楓糖漿來加強風味。雖然橄欖油沒有無鹽奶油所具有的奶香味和酥鬆性,但所製作出的餅乾口感會較清爽不油膩,非常適合搭配全麥粉、裸麥粉及雜糧穀物類的原料,製作出天然健康又營養的餅乾。

而在此配方中還有空間些微增加雜糧預拌粉和穀物的用量,亦可將低筋麵粉換為全麥麵粉,來降低整體油脂與糖類的比例,讓餅乾更無負擔,但也必須注意:隨著粉類的增加,烤焙的時間也會跟著增加,而增加到一定量時,餅乾則會不易烤熟。

01 橄欖油＋黑糖粉＋細砂糖＋楓糖漿（a~b），拌勻，以打蛋器略為打發（c）。

02 全蛋液分兩次加入（d~e），打發至狀態均勻。

03 雜糧預拌粉＋低筋麵粉＋杏仁粉，混合均勻，倒入鋼盆中（f），稍微拌勻，再加入燕麥片和杏仁角（g），拌勻（h）。

04 以圓直徑 3.1cm 的冰淇淋挖球器挖取麵團（i），扣到烤盤上（j），以上火 160℃／下火 150℃烤 25 ～ 28 分鐘即可。

黑巧克力餅乾

主體 配 方

食材	實際用量 (g)	烘焙百分比 (%)
脂肪含量40%苦甜巧克力	200	250
鹽之花	1	1
細砂糖	40	50
動物性鮮奶油	50	63
低筋麵粉	80	100
total	371	464

其他材料
芒果裝飾果粒適量

研發筆記

● 芒果裝飾果粒
芒果裝飾果粒可在日系烘焙材料行購得。是由糖、澱粉、芒果濃縮液及香料等原料製作
而成，像碎糖果狀態，並非芒果果乾。

01 苦甜巧克力隔水加熱至融化（a~b），加入鹽之花和細砂糖（c），攪拌均勻（d）。

02 分兩次倒入動物性鮮奶油（e），攪拌至乳化均勻（f），加入低筋麵粉（g），拌勻成團（h）。

03 取直徑 3.8cm 的水管以酒精消毒、擦乾（i~j），填入麵團（k）；將保鮮膜管套入水管，
　　輔助推出麵團。

04 每推出 0.4cm，以細鋼線切下麵團（l），表面撒上芒果裝飾果粒（m~n），以上火 150℃／
　　下火 150℃烤焙 16 ～ 17 分鐘即可。

● 將油脂替換成調溫巧克力或可可膏

於 P.24 油脂實驗室實驗結果可比較出，在相同配方下，將無鹽奶油改為油脂含量 52% 的可可膏，所製作出的餅乾麵團會太過乾硬，麵團狀態像是乾掉鬆散的泥土無法成團。原因除了可可膏油脂含量較不足之外，可可膏也含有固形物，所以才會導致麵團乾硬無法成團。

除了油脂原料的改變會讓麵團變硬之外，糖、液態及粉類添加比例的增減，也會改變麵團的軟硬度。我們可從《餅乾研究室 I》書中 P.30 餅乾配方實驗室 A 中可得知，糖量比例越高，麵團性狀會隨之變硬；於 P.32 餅乾配方實驗室 B 中可得知，麵粉比例越高，麵團性狀會隨之變硬；於 P.34 餅乾配方實驗室 C 中可得知，液態比例越低，麵團性狀會隨之變硬。

所以正當我們要將一個餅乾配方的油脂全部換成調溫巧克力或可可膏時，我們已可確定麵團必定會變乾硬、不能成團。因此，配方必須往減糖、增加液態及降低粉類用量進行調整，才能讓配方成立，以下列舉配方調整概念：

 替 換 步驟

01 安全配方選定

若依照上述配方調整方向，將無鹽奶油改由巧克力全取代，糖量必須減少，所以從《餅乾研究室 I》書中 P.24 三大配方比例結構中，挑選油：糖＝2：1 的配方結構試作，配方如下：

原料	油：糖＝2：1
油脂	31.25
糖類	15.75
液態	6±
粉類	47
總合	94

02 依苦甜巧克力實際用量與其實際含脂量制定配方

含脂率 40% 的苦甜巧克力中，有 60% 的成份為非油脂，其中包含了糖和固形物，所以要以 40% 的油脂來制定配方。

配方設定使用 100g 脂肪含量 40% 的苦甜巧克力製作餅乾，並計算苦甜巧克力實際含脂率。

使用量 × 含脂率 ＝ 實際油脂量

苦甜巧克力　100g × 40% ＝ 40g

再將 40g 設定為油：糖＝2：1 配方中的油脂實際用量

原料	油：糖＝2：1
苦甜巧克力實際用量	100
細砂糖	50
液態	19
粉類	150
總合	319

以苦甜巧克力實際用量作為油脂用量之配方 A

原料	油：糖＝2：1
100g苦甜巧克力實際含脂量	40
細砂糖	20
液態	7.6
粉類	60
總合	127.6

以苦甜巧克力實際含脂率作為油脂用量之配方 B

03 調整配方比例

從配方調整概念可得到三個重點，就是必須降低糖量、增加液態及降低粉類用量，所以依照苦甜巧克力實際用量 100g 作為油脂用量的配方 A，再計算出 100g 苦甜巧克力的實際含脂量為 40g，將 40g 設定為配方 B 的油脂用量，透過這樣的規則轉換模式，配方 B 中的細砂糖和粉類用量順勢減少，達到我們要調整的目的，所以我們則取配方 B 砂糖量 20g 和粉量 60g 的數值。

反之，液態原料用量是需要被增加，所以我們取配方 A 的液態量數值 19g。而在油脂實驗室中明確得知可可膏的油脂含量不足會導致麵團乾硬，所以在液態原料則選擇動物性鮮奶油，除了可補足水分外，也可增加麵團油脂比例。透過這樣的概念可制定出以下的試作配方，將其設定為配方 C。

原料份量＼配方組別	配方C 油：糖＝2：1	配方D 油：糖＝2：1	配方E 油：糖＝2：1
苦甜巧克力實際用量	100	100	100
細砂糖	20	20	20
動物性鮮奶油	19	25	25
粉類	60	50	40
總合	199	195	185

 試做 結果

配方C 製作出的麵團雖已成團，但還是略偏乾硬，經過試吃，口感已有餅乾的雛形。但餅乾化口性較差，所以選擇降低低筋麵粉用量，反之，若化口性佳，在油脂與砂糖都固定的情況下，又欲使麵團性狀變稍軟，則可選擇增加液態原料。

配方D 製作出的麵團已有變軟，但因為麵團要用鋼線線切方式製作，所以麵團可再調整軟一點。

配方E 麵團性狀已適合線切成型，餅乾化口性也有，已是成立的配方。

第一次使用調溫巧克力取代油脂製作餅乾時，也並非一次就到位，但透過對原物料特性和配方結構的了解，很快的就能知道配方調整的概念和方向，概念與方向正確，再經過幾次試做，應該很快就能制定出成立的餅乾配方，將這樣的概念和制定配方的模式以及規則分享給讀者，雖然有其難度性和複雜性，但仔細了解後，就能有更多的變化能力。

白巧克力雙層

主體配方

食材	實際用量 (g)	烘焙百分比 (%)
無水奶油	75	53.6
細砂糖	40	28.6
脂肪含量40%調溫白巧克力	25	17.9
動物性鮮奶油	20	14.3
低筋麵粉	140	100
total	300	214.4

其他材料

覆盆子裝飾果粒適量、白巧克力適量

研發筆記

● 覆盆子裝飾果粒

覆盆子裝飾果粒是由糖、澱粉、覆盆子濃縮液及香料等製作而成，像碎糖果狀態，並非覆盆子果乾。草莓乾也不適合使用於表面裝飾，因為經過烤焙會焦黑。

● 調溫白巧克力含糖，取代油脂時需併入考量

配方中使用調溫白巧克力取代部份奶油，也將無鹽奶油改為無水奶油來平衡調溫白巧克力的脂肪含量，配方調整概念人致與番加切達乳酪餅乾概念相同，但調溫白巧克力比切達乳酪多了糖的成份，在調整配方過程中的糖量設定必需要注意。

/ （作）法 /

01 無水奶油＋細砂糖（a），拌勻，以打蛋器稍微打發，倒入隔水加熱融化的白巧克力（b~c），
稍微打發。

02 分兩次倒入動物性鮮奶油，打到乳化均勻（d），加入低筋麵粉（e），拌勻成團（f）。

03 取直徑 3.8cm 的水管以酒精消毒（g）、擦乾，填入麵團（h）；將保鮮膜管套入水管（i），
輔助推出麵團。

04 每推出 0.4cm，以細鋼線切下麵團（j~k），表面撒上覆盆子裝飾果粒（l），以上火 150℃
／下火 150℃烤焙 16～17 分鐘。

05 取出烤好的餅乾體，靜置冷卻。取底部直徑 4.5cm、表面直徑 5cm 的圓形矽膠模型，擠一圈
融化的白巧克力（m~n），放入餅乾體輕壓（o）。

06 待白巧克力凝固後脫模（p~q）即可。

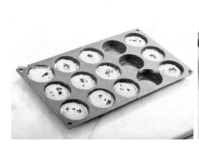

以苦甜巧克力取代部份油脂

巧克力椰香核桃 ▶ P.54
以椰子油搭配椰子粉增添風味

布朗尼軟餅乾

製作份量
約 300 g／盤（切 25 塊）

最佳賞味
常溫 14 天

/ 主體配方 /

食材	實際用量 (g)	烘焙百分比 (%)
有鹽奶油	74	139.6
細砂糖	50	94.3
黑糖	24	45.3
調溫苦甜巧克力	29	54.7
全蛋液	32	60.4
白蘭地	3	5.7
低筋麵份	53	100.0
可可粉	9	17.0
核桃	32	60.4
total	306	577.4

其他材料
核桃碎適量

 研發筆記

● **烤焙時間影響口感**

這款餅乾是以布朗尼蛋糕延伸而來，如果喜歡軟一點的口感，二次烤焙時間可再縮短，若喜歡酥脆口感，則可延長烤焙時間。

/ 作法 /

01 有鹽奶油＋細砂糖＋黑糖（a），拌勻（b），以打蛋器稍微打發（c）。

02 倒入隔水加熱融化的調溫苦甜巧克力,稍微打發(d),再倒入全蛋液和白蘭地(e),打至
   完全乳化(f)。

03 低筋麵粉+可可粉,混勻倒入鋼盆中(g),稍微拌勻(h),加入核桃(i),拌勻。

04 取 15.5cm 正方形烤模,墊入烘焙紙,倒入麵糊抹平,撒上核桃碎(j),以上火 190℃/下
   火 150℃約烤 30 分鐘,出爐冷卻後脫模(k)。

05 切成 25 塊 3cm 正方的塊狀(l),再次入爐(m),以上火 160℃/下火 160℃烤 10 分鐘即可。

巧克力椰香核桃

製作份量
約 10~12g×35 片

最佳賞味
常溫 14 天

主體配方

食材	實際用量 (g)	烘焙百分比 (%)
椰子油	85	85
細砂糖	50	50
全蛋液	25	25
低筋麵粉	100	100
椰子粉	35	35
調溫苦甜巧克力	80	80
核桃	25	25
total	400	400

研發筆記

● 切片時稍微捏合塑形

因為配方中加入的巧克力和核桃量較多,在切片時較容易散開,散開部分只需要再稍微捏合即可。

● 椰子油熔點 24 ～ 27℃,可塑溫度範圍較小

椰子油的可塑溫度範圍較小,不像奶油從 13 ～ 28℃都具有可塑性。椰子油在室溫 24℃左右會出現半凝固狀態,可輕易挖取使用,當室溫達 24℃以下,椰子油就會漸漸變為固態,於冬天製作時則必須將椰子油加熱融化後使用。

● 椰子油麵團冷藏後硬度較奶油麵團高

利用椰子油製作餅乾麵團,經過冷藏會比使用無鹽奶油製作的麵團還硬,若覺得太硬,可將配方中椰子油的 10 ～ 20%之用量以橄欖油取代,操作時會較好分切。

01 椰子油軟化＋細砂糖（a），拌勻，以打蛋器稍微打發（b），倒入全蛋液（c），打發至完
　 全乳化（d）。

02 低筋麵粉＋椰子粉，混勻，倒入鋼盆中（e），稍微拌勻，加入對切的調溫苦甜巧克力和核
　 桃（f），拌勻成團（g）。

03 取 3.5cm 正方的長條模具，鋪上塑膠袋，放入麵團稍微壓平，用擀麵棍將表面滾平（h），
　 放入冰箱冷藏定型。

04 取出，稍微退冰後切 0.5 ～ 0.6cm 的厚片（i），排入烤盤（j），以上火 150℃／下火
　 150℃約烤 30 分鐘即可。

巧克力酥菠蘿餅乾

主體配方

食材	實際用量 (g)	烘焙百分比 (%)
無鹽奶油	60	92.3
可可膏	15	23.1
細砂糖	75	115.4
全蛋液	15	23.1
低筋麵粉	65	100
可可粉	15	23.1
杏仁粉	25	38.5
total	270	415.5

＜苦甜巧克力酥菠蘿＞

食材	實際用量 (g)
調溫純苦巧克力	30
調溫苦甜巧克力	85
主體酥菠蘿	185
total	300

＜苦甜甘納許填餡＞

食材	實際用量 (g)
調溫苦甜巧克力	160
動物性鮮奶油	50
total	210

研發筆記

● 調整粉類改變口感

若欲使酥菠蘿口感更酥軟，可略微增加杏仁粉用量（因為杏仁粉含有油脂）並減少低筋麵粉用量；而要讓酥菠蘿口感偏酥硬，則可減少杏仁粉用量增加低筋麵粉用量。

● 備註

酥菠蘿使用的篩網篩目大小為 0.3cm 正方。

01 【主體配方】無鹽奶油＋細砂糖，拌勻，加入隔水加熱至融化的可可膏（a），拌勻，以打蛋器稍微打發，倒入全蛋液（b），打至完全乳化（c）。

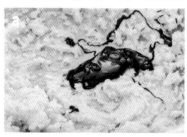  

02 低筋麵粉＋可可粉＋杏仁粉，混勻倒入鋼盆中（d），拌勻成團（e），裝入塑膠袋壓平（f），放進冰箱冷藏，備用。

03 取出冰硬的麵團，以粗篩網過篩為酥菠蘿狀（g），攤平入爐（h），以上火 150℃／下火 150℃烤約 20 分鐘，取出翻動讓酥菠蘿分開（i），再入爐續烤焙 15 分鐘，出爐，完成主體酥菠蘿，備用。

04 【苦甜巧克力酥菠蘿】調溫純苦巧克力＋調溫苦甜巧克力，隔水加熱至融化（j），再隔冰水攪拌降溫至 27℃後，再隔水加熱至 32℃，完成調溫，加入 185g 冷卻的主體酥菠蘿（k），拌勻（l）。

05 趁未固化時填入直徑 5cm 的矽膠模（m）（13g ／個），以手指在中間壓出凹洞，整型為塔杯狀，靜置凝固（n）。

06 【苦甜甘納許填餡】動物性鮮奶油隔熱水加熱，加入調溫苦甜巧克力（o），攪拌至巧克力融化（p），填入已固化的塔杯中（q）（8g ／個）。

07 在表面撒上適量剩餘的酥菠蘿（r），待甘納許固化（s），脫模（t）即可。

Double 巧克力餅乾 ▶ P.62
以調溫巧克力取代高熔點巧克力

Double巧克力餅乾

製作份量
約 22g×18 片

最佳賞味
常溫 14 天

主體配方

食材	實際用量 (g)	烘焙百分比 (%)
無鹽奶油	80	88.9
細砂糖	85	94.4
全蛋液	45	50.0
低筋麵粉	90	100.0
可可粉	3	3.3
杏仁粉	50	55.6
調溫苦甜巧克力	60	66.7
total	413	458.9

其他材料
耐烤焙焦糖巧克力豆適量

研發筆記

● 以調溫巧克力塊增加餅乾口感
通常加入餅乾麵團之巧克力大多為高熔點耐烤巧克力豆，而此次嘗試將調溫苦甜巧克力取代耐烤焙巧克力豆拌入麵團中，烤焙後狀態並無融化之狀態，更提升餅乾好吃度，也更為天然健康。

● 調溫巧克力的化口性
市面上調溫苦甜巧克力選擇眾多，有些對溫度較敏感，置放於夏天室溫，會有融化之情形，但相對巧克力之化口性會較佳。而有些調溫苦甜巧克力即使放置於夏天室溫中，也不太會有融化之情形，通常此類巧克力化口性會稍差，相對價格也會比較便宜。此配方中所選擇的苦甜巧克力為後者，較不易融化之類型，但是操作性和烤好的狀態與耐烤巧克力豆相比並無差異。

01 無鹽奶油＋細砂糖（a），拌勻，以打蛋器稍微打發（b~c）。

  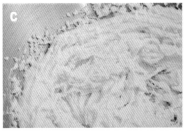

02 分兩次倒入全蛋液（d），打發至完全乳化（e），加入混合均勻的低筋麵粉＋可可粉＋杏仁粉（f）。

03 拌至快均勻時，加入切小塊的調溫苦甜巧克力（g），拌勻（h），以圓直徑 4.5cm 冰淇淋挖杓器挖取麵團（不要挖太滿，重量會過重），扣到烤盤上（i）。

04 撒上耐烤焙焦糖巧克力豆，輕壓讓巧克力豆與麵團黏合（j~k），以上火 170℃／150℃烤約 25 分鐘即可。

 # 白巧克力夏威夷豆

製作份量
約 15~17g × 28 片

最佳嚐味
常溫 14 天

主體配方

食材	實際用量 (g)	烘焙百分比 (%)
無鹽奶油	115	92
細砂糖	55	44
三溫糖	55	44
全蛋液	40	32
低筋麵粉	125	100
1/2夏威夷豆	50	40
調溫白巧克力	30	24
total	470	376

 研發筆記

● **食材處理小叮嚀**

1/2 夏威夷豆切半備用。

調溫白巧克力直徑約為 0.6cm 大小，可直接加入，若為大鈕扣則需稍微切碎。

01 無鹽奶油＋細砂糖＋三溫糖，拌勻，以打蛋器稍微打發（a），倒入全蛋液（b），打發至完全乳化（c）。

02 加入低筋麵粉，稍微拌一下（d），加入夏威夷豆和調溫白巧克力（e），拌勻（f）。

03 以圓直徑 3.5cm 冰淇淋挖杓器挖取麵團（g），倒扣在烤盤上（h），用手壓扁（i）。

04 以上火 150℃／ 150℃烤 18 ～ 20 分鐘即可。

珍珠糖咖啡杏仁餅乾 ▶ P.70

使用無鹽奶油搭配咖啡

 # 珍珠糖蔓越莓餅乾

製作份量
約 5~6g×60 片

最佳賞味
常溫 14 天

主體配方

食材	實際用量 (g)	烘焙百分比 (%)
發酵奶油	80	60.6
糖粉	52	39.4
全蛋液	20	15.2
低筋麵粉	132	100
蔓越莓乾	48	36.4
total	332	251.6

其他材料
4號珍珠糖適量

研發筆記

● **果乾不要分布在外層**

蔓越莓乾的位置若是在餅乾的最外層,因為沒有麵團包覆,果乾經過烤焙後,口感會較乾硬,所以利用一層沒有加果乾的麵團,將果乾麵團四周包覆起,減少果乾分布在餅體的四周圍,可防止果乾被烤太乾之情形。

01 發酵奶油＋糖粉，拌勻，用打蛋器稍微打發，倒入全蛋液（a），打發至完全乳化，加入低
　　筋麵粉（b），拌勻成團（c）。

02 取出 140g 麵團，加入蔓越莓乾拌勻（d），將兩麵團分別裝入塑膠袋壓平（e~f），放入冰
　　箱冷藏冰硬。

03 取出麵團，壓揉至軟硬度一致，將無果乾麵團擀成長方片（g）、蔓越莓麵團搓成細圓柱，
　　放在長方片上捲起（h），稍微搓長，壓入鋪塑膠袋的 2.5cm×2cm 的長條模型中，將表面稍
　　微壓平，以擀麵棍擀平（i），放進冰箱冷藏至冰硬。

04 取出麵團，約切 0.6cm 厚（j），排上烤盤，將珍珠糖黏在四周側面（k~l），以上火 150℃
　　／下火 150℃約烤 17 分鐘即可。

珍珠糖咖啡杏仁餅乾

製作份量
約 5~6g×60 片

最佳賞味
常溫 14 天

主體 配 方

食材	實際用量 (g)	烘焙百分比 (%)
無鹽奶油	80	61.5
糖粉	52	40.0
動物性鮮奶油	25	19.2
即融咖啡粉	5	3.8
低筋麵粉	130	100.0
整顆杏仁粒	40	30.8
total	413	255.3

其他材料

4號珍珠糖適量

 研發筆記

● **包覆麵團避免堅果脫落**

在有果乾或堅果的麵團外包一層麵團，除了可防止水果乾類製品被烤太乾外，也能有效降低麵團添加整顆杏仁粒或夏威夷豆等大顆堅果脫落的情形。如果加入堅果顆粒越小，則可省略包覆作業。

01 無鹽奶油＋糖粉，拌勻，用打蛋器稍微打發，倒入調勻的動物性鮮奶油＋即溶咖啡粉（a），
　　打發至完全乳化（b），加入低筋麵粉（c），拌勻成團。

02 取出 140g 麵團，加入杏仁粒拌勻（d），將兩麵團分別裝入塑膠袋壓平（e~f），放入冰箱
　　冷藏冰硬。

03 取出麵團，壓揉至軟硬度一致，將無堅果麵團**擀**成長方片（g）、杏仁粒麵團搓成細圓柱，
　　放在長方片上捲起（h），稍微搓長，壓入鋪塑膠袋的 2.5cm×2cm 的長條模型中，將表面稍
　　微壓平，以擀麵棍**擀**平（i），放進冰箱冷藏至冰硬。

04 取出麵團，約切 0.6cm 厚（j），排上烤盤，將珍珠糖黏在四周側面（k~l），以上火 150℃
　　／下火 150℃約烤 17 分鐘即可。

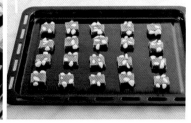

以榛果醬取代部份油脂

榛果巧克力焦糖夾心

主體份量
約 10g（片）×45 組

最佳賞味
常溫 14 天

主體配方

食材	實際用量 (g)	烘焙百分比 (%)
無鹽奶油	210	60.9
榛果醬	150	43.5
糖粉	180	52.2
全蛋液	45	13.0
低筋麵粉	345	100.0
可可粉	36	10.4
total	966	280.0

＜鹹味焦糖夾心餡＞

食材	實際用量 (g)
細砂糖	75
水	12.5
動物性鮮奶油	85
鹽之花	1
有鹽奶油a	20
吉利丁片	1.25
有鹽奶油b	80
total	274.75

● 鹹味焦糖夾心餡油水分離處理

焦糖餡煮製完成放置後，若有油水分離之現象，可放入冰箱冷卻後再攪拌，即會完全乳化。

● 榛果醬含固形物，需降低粉量

榛果醬油脂含量較高，約含有 60％之油脂，不太需要將配方中無鹽奶油改為無水奶油，但因增加榛果醬，麵團固形物會增加，還是要適量降低麵粉用量對應。而若要使用無水奶油亦可，詳細配方調整可參考切達番茄乳酪餅乾油脂替換概念說明。

01 【鹹味焦糖夾心餡】細砂糖＋水，煮至微微焦化，分 3 次沖入加熱至 80℃的動物性鮮奶油（a），回煮至 120℃（b），離火，加入有鹽奶油 a（c），拌勻，靜置冷卻至微溫。

02 加入泡軟擠乾水分的吉利丁片（d），拌勻，加入鹽之花和有鹽奶油 b（e），拌勻（f），放入冰箱冷藏，備用。

03 【餅乾主體】無鹽奶油＋榛果醬＋糖粉（g），拌勻，以打蛋器稍微打發，倒入全蛋液（h），攪拌至完全乳化（i）。

04 加入混勻的低筋麵粉＋可可粉（j），拌勻成團（k），裝入塑膠袋壓平（l），放進冰箱冷藏至冰硬。

05 取出麵團，壓揉至軟硬度均勻，擀成 0.4cm 厚的片狀，再放入冰箱冷藏至冰硬，取出，以直徑 5cm 的圓模壓出圓片（m），排上烤盤（n）。

06 以上火 160℃／下火 150℃約烤 20 ～ 22 分鐘至熟，取出靜置到冷卻，擠約 5g 鹹味焦糖夾心餡（o），蓋上另一片餅乾（p）即可。

Lesson 3

糖類實驗室

麵團配方隨著糖量增加，麵團黏度則會下降，餅乾口感會較脆，而搭配液態材料，麵糊的擴展度也會較大，而使用不同糖類製作餅乾則可改變餅乾風味、顏色、烤焙著色度及餅乾機能性（GI值）。以下實驗固定所有烘焙條件，對照出糖類不同的餅體差異。

原料 評比項目	細砂糖 含糖率100%	純糖粉 含糖率99.9%
無鹽奶油	100g	100g
糖類	130g	130g
全蛋液	65g	65g
低筋麵粉	190g	190g
總和	485g	485g
烘烤前		
烘烤後		
麵團軟硬度	◎	◎
烤焙上色度	◎	◎
烤焙後表面紋路明顯度	◎	◎
餅體口感	◎	●

※ 固定材料比例，變動糖類。以上火170℃／下火160℃烤18分30秒。

綿白糖	二號砂	三溫糖	黑糖	楓糖粉
含糖率98%	含糖率99%	含糖率98.7%	含糖率89%	含糖率90%
100g	100g	100g	100g	100g
130g	130g	130g	130g	130g
65g	65g	65g	65g	65g
190g	190g	190g	190g	190g
485g	485g	485g	485g	485g
◎	◎	◎	✕	◎
◎	◎	◎	●	◎
◎	◎	○	✕	◎
●	◎	◎	○	○

●：最（香、酥鬆、硬、深）　　◎：適中　　○：尚可　　✕：差（軟、淺）

備註 因二號砂糖顆粒太粗所以要打成細粉使用。

原料 評比項目	和三盆糖 含糖率90.2%	棕梠糖	椰子花蜜糖 含糖率85.4%	麥芽糖醇 含糖率99.9%	海藻糖 90.2%
無鹽奶油	100g	100g	100g	100g	100g
糖類	130g	130g	130g	130g	130g
全蛋液	65g	65g	65g	65g	65g
低筋麵粉	190g	190g	190g	190g	190g
總和	485g	485g	485g	485g	485g
烘烤前					
烘烤後					
麵團軟硬度	◎	◎	◎	◎	◎
烤焙上色度	◎	◎	◎	◎	×
烤焙後表面 紋路明顯度	◎	◎	◎	◎	◎
餅體口感	●	◎	◎	◎	◎

●：最（香、酥鬆、硬、深）　◎：適中　○：尚可　　×：差（軟、淺）

備註 因二號砂糖顆粒太粗所以要打成細粉使用。

**糖類
實驗結果
說明**

[麵團軟硬度]

實驗組配方中，全蛋液佔麵團比例約 13.4％，所以整體麵糊皆偏軟，而配方中的糖又比油多，液態添加比例又高，所以糖的含水量若較高，加入蛋液後很容易出現油水分離的情況，而在所有糖類中，黑糖水分含量較高，加入蛋液後會有油水分離之情況，麵糊相較之下會較軟，也較容易有出筋的情形，所以黑糖若要加入液態比例較高的配方，需注意是否會有乳化分離的情況，並調降液態用量。

[烤焙上色度]

海藻糖具有抗熱性，不易發生梅納反應，所以餅乾烤焙上色度明顯較淺。而黑糖因麵糊有油水分離的情況，著色度會較深。其他糖類的上色度並無明顯之差異。

[烤焙後表面紋路明顯度]

實驗組配方因糖量和液態比例較高，麵糊較會膨脹與擴展，所以擠花成型的麵團經烤焙後，表面紋路較不明顯，其中以黑糖所製作的餅乾紋路最淺，紋路次淺的為三溫糖，其他糖類的餅乾擠花紋路明顯度較深，並無太大差別。

[餅體口感]

使用糖粉製作的餅乾會比細砂糖所製作的餅乾酥鬆，而餅體口感較為酥鬆的組別為糖粉、綿白糖及和三盆糖。餅體口感較為酥脆的組別分別為細砂糖、二號砂糖、三溫糖、棕梠糖、椰子花蜜糖、麥芽糖醇及海藻糖。口感偏脆的則有黑糖及楓糖粉。

糖類特性＆運用建議

A 細砂糖

細砂糖製作的餅乾口感會比糖粉製作的餅乾脆（硬），餅乾烤焙擴展度會較大，烤焙後餅乾的表面和組織會較粗糙，而細砂糖多運用在糖比例較高、液態比例相對較高的配方中，能讓餅乾達到良好擴展和表面裂紋，口感也相對會較脆，常運用在美式餅乾、桃酥等餅乾。

B 糖粉

油比糖多的酥鬆性餅乾，配方中液態相對較少，或像雪球和英式酥餅配方中，並無添加液態材料，所以無法將糖完全溶解，而在這類餅乾配方中則會選擇使用糖粉。糖粉所製作的餅乾酥鬆度會較好，餅乾表面組織會較細緻，在製作壓模造型或擠花造型餅乾，使用糖粉的效果會比較好。

C 綿白糖

綿白糖溶解度高，含還原〈轉化〉糖，化口性佳，帶有淡淡焦香味，可增加餅乾風味。綿白糖、上白糖、三溫糖皆含有還原〈轉化〉糖，吸濕性較大，糖的表面會有潮濕感，烤焙上色度也會比較深，吸濕性較高的糖類也較少運用在餅乾製作，因為可能對餅乾保存會有較大品質影響。

D 二號砂糖

二號砂糖帶有蜜香，能增添餅乾風味，因糖顆粒較大，直接加入攪拌會影響麵團性狀及餅乾口感，使用前可打成細粉狀再加入攪拌，或運用在瓦片類等製品。

E 三溫糖

三溫糖溶解度高，含還原〈轉化〉糖，放入口中入口即化，製作出的餅乾化口性也較好。糖色偏黃褐色，具有獨特香氣，能增加餅乾濃郁香甜氣味，使用含有還原〈轉化〉糖較高的糖類製作餅乾，因吸濕性較強，需注意烤焙冷卻後到包裝保存的品質變化。

F 黑糖

黑糖帶有獨特焦化糖蜜香氣，製作的餅乾風味強烈並略帶甘苦味，可增加餅乾色澤，搭配於巧克力、咖啡、椰子、伯爵茶或堅果穀物雜糧等口味中，餅乾風味會更有層次感，單獨使用黑糖的餅乾色澤若過深，也可搭配砂糖使用。黑糖中有較大的糖顆粒，使用前必須過篩去除，而顆粒較大的黑糖硬度較硬，無法篩成粉末，所以建議買粉末狀黑糖會較便利。黑糖水分含量約 5～8%，對餅乾膨脹度和品質會有一定影響，若在使用前先將黑糖放入烤箱以 70℃將水分烘乾，再以實驗組配方製作，則不會有油水分離的狀況，製作結果會和其他糖類品質較一致，欲使用黑糖替代其他糖類製作餅乾，必須注意其些微差異性。若製作黑糖戚風蛋糕，直接將黑糖加入蛋白打發並不會失敗，但建議還是將黑糖烤焙收乾水分，如此則會與細砂糖製作的品質較一致。

G 楓糖粉

　　楓糖粉的 GI 值為 53，營養價值高，是唯一鹼性的糖，更適合日常食用。使用楓糖粉製作餅乾，建議不要搭配風味太強烈的原料蓋過或干擾楓糖味，只需將楓糖獨特風味呈現便能製作出特色美味餅乾。然而楓糖價格非常高，市面上利用純楓糖粉所製作的餅乾品項極少，多半使用楓糖漿、黑糖、楓糖香精搭配製作，但味道和營養機能性還是不及楓糖粉，若屏除成本考量，是非常建議將楓糖粉運用在餅乾製作的。

H 和三盆糖

　　和三盆糖的粉末細緻，口溶性佳，味道溫和不強烈，運用在餅乾製作能增加餅乾香氣，可單獨呈現和三盆糖風味，也能和其他食材搭配製作餅乾，除了價格較貴之外，也是非常建議運用在餅乾的原料。※ 若運用和三盆糖製作奶酥擠花餅乾，除了增加和三盆糖香氣外，也會保有奶香味，並不會將奶香味蓋過，反而更提升奶酥餅乾風味。

I 棕梠糖

　　棕梠糖的 GI 值為 30，對需控制血糖的人來說，較能維持血糖穩定度。棕梠糖的風味獨特、味道屬性和黑糖相似，但味道較黑糖溫潤，無苦味，又比和三盆糖強烈，製作餅乾適合單獨呈現棕梠糖特殊風味，也適合搭配於巧克力、咖啡、椰子、伯爵茶或堅果穀物雜糧等口味中，但因價格較貴，若想搭配其他風味原料呈現特殊口味餅乾，建議使用黑糖即可，若要單純呈現棕梠糖風味或想利用低 GI 原料製作餅乾，則建議使用棕梠糖。

J 椰子花蜜糖

　　椰子花蜜糖的 GI 值 35，風味獨特，建議使用方式和棕梠糖一樣。※ 若運用棕梠糖、椰子花蜜糖及黑糖製作奶酥擠花餅乾，糖味會壓過奶香味，其糖味道會較強烈。

K 麥芽糖醇

　　麥芽糖醇的甜度為蔗糖的 0.8 倍，對血糖影響較小，但每天攝取量不宜超過 50g，使用方式可與細砂糖等量替代使用。

L 海藻糖

　　海藻糖的甜度約為砂糖的 45%，並無特殊香氣與顏色，運用在餅乾製作能降低烤焙上色度，所以製作粉色系餅乾體如：檸檬、草莓、藍莓等水果口味，或製作淺色系餅體，不希望餅體因烤焙上色而影響麵團原色，則可使用部分海藻糖等量取代砂糖來製作餅乾，就能有效降低餅乾上色度。

以三溫糖製作餅乾

巧克力棉花糖餅乾 ▶ P.86
以細砂糖搭配黑糖粉

無花果榛果餅乾

製作份量
約 15~17g×15 片

最佳賞味
常溫 14 天

主體配方

食材	實際用量 (g)	烘焙百分比 (%)
無鹽奶油	28	40
三溫糖	83	119
全蛋液	20	29
動物性鮮奶油	5	7
燕麥片	10	14
榛果粉	38	54
低筋麵粉	70	100
total	254	363

其他材料

無花果果乾適量、蘭姆酒適量

研發筆記

● 表面裝飾物影響餅乾烤焙後狀態

麵團中央放上裝飾物，在烤焙時會影響麵團的擴散度和表面裂紋的呈現，若不放無花果乾，餅乾的表面裂紋會更明顯、更有質感。

● 無花果果乾前處理

無花果果乾先用蘭姆酒泡過，除了可以增加果乾風味之外，也可避免果乾經烤焙後，口感過於乾硬（※ 浸泡時，可取無花果：蘭姆酒＝ 8：1 的比例泡漬）。

01 無花果果乾剪成約 1cm 的三角形或方形小塊（a），倒入約為果乾 1/8 重量的蘭姆酒（b），
泡漬備用。

02 無鹽奶油＋三溫糖（c），拌勻，以打蛋器稍微打發，倒入全蛋液和動物性鮮奶油（d），打
發到完全乳化（e）。

03 加入混合均勻的燕麥片＋榛果粉＋低筋麵粉（f），拌勻（g），以圓直徑 3.5cm 的冰淇淋挖
杓器挖取麵團，倒扣在烤盤上（h）。

04 麵團中央用大拇指壓出凹洞（i），在凹洞處裝飾兩片酒漬無花果乾（j~k），以上火 190℃
／下火 150℃烤約 15 分鐘即可。

巧克力棉花糖餅乾

製作份量
約 15g×30 片

最佳賞味
常溫 14 天

主體 配 方

食材	實際用量 (g)	烘焙百分比 (%)
無鹽奶油	60	63
細砂糖	135	142
黑糖粉	45	47
全蛋液	55	58
低筋麵粉	95	100
可可粉	30	32
杏仁粉	35	37
total	455	479

其他材料
棉花糖適量

● 棉花糖要選擇濕度高，剝開後以手觸碰中間組織會有點黏手，若棉花糖太過乾燥放入烤箱中還沒將其烤融化，則已經上色焦化，視覺感會不佳。若在烤焙的過程發現棉花糖已有焦化情形，可將上火溫度稍稍降低，避免烤焦。

● 麵團挖取排放於烤盤上後，中間不要壓得太深，或直接用棉花糖壓入，如此棉花糖才會隨著麵團擴展開，有助於加速棉花糖融化速度。

01 無鹽奶油＋細砂糖＋黑糖粉（a），拌勻，以打蛋器稍微打發，分兩次倒入全蛋液（b），打
　　發至完全乳化。

02 加入混合均勻的低筋麵粉＋可可粉＋杏仁粉（c），拌勻成團（d）。

03 以圓直徑 3.5cm 的冰淇淋挖杓器挖取麵團，倒扣在烤盤上（e），中央用大拇指輕壓出凹洞
　　（f），放入對半剪開的棉花糖（g），以上火 170℃／下火 150℃烤約 22 分鐘即可。

鑽石杏仁沙布蕾 ▶ P.90

以糖粉製作餅乾

鑽石核桃沙布蕾 ▶ P.92
以椰子花蜜糖製作餅乾

鑽石杏仁沙布蕾

 主體配方

食材	實際用量 (g)	烘焙百分比 (%)
無鹽奶油	80	64
糖粉	65	52
鮮奶	12	10
杏仁粉	35	28
低筋麵粉	125	100
杏仁角	50	40
total	367	294

＜杏仁餡＞

食材	實際用量 (g)
無鹽奶油	15
細砂糖	15
全蛋液	15
杏仁粉	15
total	60

其他材料
整顆杏仁粒適量、細砂糖適量

研發筆記

● **適合沾砂糖的麵團狀態**

表面要沾砂糖的麵團配方，配方中的粉量不宜過低，液態比例也不宜偏高，麵團性狀若太軟，麵團在回軟後表面濕氣會太重，會把將沾覆於表面的砂糖溶解，烤焙後容易出現一層糖片的狀態。

● **沾砂糖技巧**

麵團在沾細砂糖時，表面沾水不要沾太濕，在沾細砂糖時也不要太用力壓，細砂糖只需要薄薄的一層，若麵團太濕或砂糖太厚，烤焙後表面易變成一層糖片，而不是一粒一粒的顆粒狀。

 作法

01 【杏仁餡】無鹽奶油＋細砂糖，拌勻，以打蛋器稍微打發，倒入全蛋液，打至完全乳化，加入杏仁粉拌勻，備用。

02 【餅乾主體】無鹽奶油＋糖粉，拌勻，以打蛋器稍微打發，倒入鮮奶（a），打發至完全乳化，加入混合均勻的低筋麵粉＋杏仁粉，稍微拌勻（b），加入杏仁角，拌勻（c），將麵團裝入塑膠袋壓平，放進冰箱冷藏冰硬。

03 取出麵團，壓揉至軟硬度一致（d），將麵團壓入有鋪塑膠袋的 2.4cm 正方長條模型（e），將表面稍微壓平，以擀麵棍擀平（f），放進冰箱冷藏至冰硬。

04 取一張餐巾紙，稍微沾濕，取出麵團脫模，放在餐巾紙上滾濕（g），讓表面濕潤，裹上細砂糖（h），切 0.5cm 厚（i），排在烤盤上。

05 表面擠上杏仁餡（j），放上一顆杏仁粒（k~l），以上火 160℃／下火 150℃烤約 25 分鐘即可。

鑽石核桃沙布蕾

製作份量
約 7~8g×55 片

最佳賞味
常溫 14 天

主體 配 方

食材	實際用量 (g)	烘焙百分比 (%)
無鹽奶油	80	64
椰子糖	65	52
鮮奶	12	10
杏仁粉	35	28
低筋麵粉	125	100
核桃碎	50	40
total	367	294

＜杏仁餡＞

食材	實際用量 (g)
無鹽奶油	15
細砂糖	15
全蛋液	15
杏仁粉	15
total	60

其他材料

核桃碎適量、細砂糖適量

 研發筆記

● 椰子糖顆粒不要太粗

椰子糖顆粒粗細不一，使用前要過篩，較粗顆粒的椰子糖可以用食物研磨機打細再使用。

 ## 作法

01 【杏仁餡】無鹽奶油＋細砂糖，拌勻，以打蛋器稍微打發，倒入全蛋液，打至完全乳化，加入杏仁粉拌勻，備用。

02 【餅乾主體】無鹽奶油＋椰子糖，拌勻，以打蛋器稍微打發，倒入鮮奶（a），打發至完全乳化，加入混合均勻的低筋麵粉＋杏仁粉（b），稍微拌勻，加入核桃碎，拌勻（c），將麵團裝入塑膠袋壓平，放進冰箱冷藏冰硬。

03 取出麵團，壓揉至軟硬度一致（d），將麵團壓入有鋪塑膠袋的 2.4cm 正方長條模型（e），將表面稍微壓平，以擀麵棍擀平（f），放進冰箱冷藏至冰硬。

04 取一張餐巾紙，稍微沾濕，取出麵團脫模，放在餐巾紙上滾濕（g），讓表面濕潤，裹上細砂糖（h），切 0.5cm 厚（i），排在烤盤上。

05 表面擠上杏仁餡（j），放上核桃碎（k~l），以上火 160℃／下火 150℃烤約 25 分鐘即可。

棕梠伯爵酥塔 ▶ P.96

以棕梠糖搭配伯爵茶

棕梠伯爵酥塔

製作份量
約 16g×15 個

最佳賞味
常溫 14 天

主體 配 方

食材	實際用量 (g)	烘焙百分比 (%)
無鹽奶油	80	100.00
棕梠糖	45	56.25
全蛋液	10	12.50
低筋麵粉	80	100.00
伯爵茶角	1.5	1.88
玉米粉	15	18.75
杏仁細粒	15	18.75
total	246.5	308.13

研發筆記

● 玉米粉帶來酥鬆口感

添加玉米粉會讓餅乾體口感變酥鬆，餅乾體積也會較為膨脹，如果想要讓餅乾體組織再紮實、口感再酥硬，可將配方中的玉米粉改為低筋麵粉，口感則就會有明顯的改變。

01 無鹽奶油＋棕梠糖（a），拌勻，以打蛋器稍微打發，倒入全蛋液（b），打發至完全乳化（c）。

02 低筋麵粉＋伯爵茶角＋玉米粉，混合均勻，倒入鋼盆中（d），稍微拌勻，加入杏仁細粒（e），
拌勻（f），裝入擠花袋。

03 擠入圓直徑 4.5cm、高 1.3cm 的菊形塔模（g），以抹刀將表面抹平（h），排上烤盤（i），
以上火 160℃／下火 160℃約烤 30 分鐘即可。

 # 玉米片巧克力酥塔

/ 主體 配 方 /

食材	實際用量 (g)	烘焙百分比 (%)
無鹽奶油	80	133.3
黑糖粉	45	75.0
蛋白	10	16.7
低筋麵粉	60	100.0
可可粉	15	25.0
玉米粉	15	25.0
碎玉米片	10	16.7
杏仁細粒	15	25.0
total	250	416.7

 研發筆記

麵糊填入小塔杯後，餅乾體厚度高，可用低溫去烤焙，讓麵糊中心內部均勻烤上色，餅乾口感也會比較酥香，如用較高溫度烤焙，雖然餅體外圍已經上色，但內部酥香度相較之下會較差。

/ 作法 /

01 無鹽奶油＋黑糖粉（a），拌勻，以打蛋器稍微打發，倒入蛋白（b），打發至完全乳化（c）。

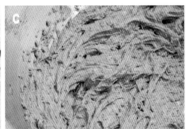

02 低筋麵粉＋可可粉＋玉米粉，混合均勻，倒入鋼盆中（d），拌勻，加入碎玉米片和杏仁細粒（e），拌勻（f），裝入擠花袋。

03 擠入底 4cm 正方、高 1.2cm 的菊形邊塔模（g），以抹刀將表面抹平（h），排上烤盤（i），以上火 150℃／150℃烤約 30 分鐘即可。

三溫糖抹茶雪球 ▶ P.102

以三溫糖製作餅乾

海藻糖蔓越莓雪球 ▶ P.104

以海藻糖搭配莓果餅乾

三溫糖抹茶雪球

製作份量
約 6g×45 顆

最佳賞味
常溫 14 天

/ 主體 配 方 /

食材	實際用量 (g)	烘焙百分比 (%)
無鹽奶油	100	83.3
三溫糖	32	26.7
杏仁粉	18	15.0
抹茶粉	5	4.2
低筋麵粉	120	100.0
total	275	229.2

＜防潮抹茶糖粉＞
防潮糖粉60g、抹茶粉5g

● **抹茶粉吸濕性差異**

防潮抹茶糖粉配方中，使用的抹茶粉產地是台灣生產的天然抹茶粉，抹茶粉吸濕性較高，若將抹茶粉用量提高，餅乾裹上抹茶糖粉後，表面糖粉很快就會潮解。而市面抹茶粉選擇眾多，在使用前必須注意用量與潮解問題。

01 無鹽奶油＋三溫糖（a），拌勻，以打蛋器打發（b），加入混合均勻的低筋麵粉＋杏仁粉＋抹茶粉（c）。

02 拌勻（d~e），裝入塑膠袋壓平（f），放進冰箱冷藏至冰硬。

03 取出，壓揉至麵團軟硬度一致，擀至 1cm 厚（g），切成 1.5cm 正方（h），排在烤盤上（i）。

04 以上火 160℃／下火 130℃烤約 18 分鐘，出爐冷卻，裹上拌勻的防潮抹茶糖粉（j）即可。

海藻糖蔓越莓雪球

/ 主體 配 方 /

食材	實際用量 (g)	烘焙百分比 (%)
發酵奶油	100	81.3
海藻糖	32	26.0
低筋麵粉	123	100.0
杏仁粉	18	14.6
天然蔓越莓粉	5	4.1
蔓越莓果乾碎	20	16.3
total	298	242.3

＜防潮藍莓糖粉＞

防潮糖粉40g、天然藍莓粉10g

● 天然果汁粉容易吸濕

天然蔓越莓粉和其他粉類加在一起後，要立即混合均勻，避免果汁粉吸濕而結塊，即使利用篩網過篩也無法恢復粉狀。

01 發酵奶油＋海藻糖（a），拌勻，以打蛋器打發（b），加入混合均勻的低筋麵粉＋杏仁粉＋天然蔓越莓粉（c）。

02 稍微拌勻（d），加入蔓越莓果乾碎（e），拌勻成團（f），裝入塑膠袋壓平，放進冰箱冷藏至冰硬。

03 取出，壓揉至麵團軟硬度一致（g），分成 7g，搓圓（h），排在烤盤上（i）。

04 以上火 160℃／下火 130℃烤約 18 分鐘，出爐冷卻，裹上拌勻的防潮藍莓糖粉（j）即可。

和三盆核桃雪球 ▶ P.108

以和三盆糖製作餅乾

南瓜乳酪餅乾 ▶ P.110
以麥芽糖醇取代砂糖

和三盆核桃雪球

/ 主體 配 方 /

食材	實際用量 (g)	烘焙百分比 (%)
無鹽奶油	140	113.8
和三盆糖	45	36.6
低筋麵粉	175	142.3
杏仁粉	25	20.3
核桃碎	40	32.5
total	425	345.5

其他材料
防潮糖粉適量

研發筆記

● 雪球表面糖粉勿潮解

單純沾裹防潮糖粉的防潮力是最好的，成品的保存期限也可以比較長。在製作雪球需注意糖粉潮解問題，表面糖粉一經潮解，餅乾看起來就會感覺不新鮮，而麵團配方比例也會影響糖粉的防潮力。

此次示範之配方比例，油：糖大約為 3：1，油、糖用量又與粉類相當，以此配方所製作出的雪球成品，保存度佳又具有好吃度，是很適合被運用製作不同口味的基礎配方。

● 和三盆糖使用前先過篩

和三盆糖在存放過程中，容易吸濕結塊，若有結塊現象，必須先過篩後再使用。

01 和三盆糖過篩（a），加入無鹽奶油，拌勻（b），以打蛋器打發（c）。

02 低筋麵粉＋杏仁粉，混合均勻，加入鋼盆中，稍微拌勻（d），再加入核桃碎（e），拌勻（f），
　　裝入塑膠袋壓平，放進冰箱冷藏至冰硬。

03 取出，壓揉至麵團軟硬度一致（g），分成 8g，搓圓（h），排在烤盤上（i）。

04 以上火 160℃／下火 130℃烤約 20 分鐘，出爐冷卻，裹上防潮糖粉（j）即可。

南瓜乳酪餅乾

製作份量
約 10~11g×30 片

最佳賞味
常溫 14 天

主體配方

食材	實際用量 (g)	烘焙百分比 (%)
有鹽奶油	70	58.3
麥芽糖醇	80	66.7
全蛋液	30	25.0
低筋麵粉	120	100.0
台灣南瓜粉	15	12.5
杏仁粉	15	12.5
乳酪粉	10	8.3
total	340	283.3

其他材料

日本雪片南瓜粉

研發筆記

● 南瓜粉吸水性測試

將台灣純南瓜粉與日本雪片南瓜粉各取 10g，並加入 10g 水攪拌，日本南瓜粉麵糊性狀明顯比台灣南瓜粉麵糊硬，且略具 Q 彈性，若以同等量南瓜粉取代麵粉用量，麵團性狀會偏硬，若原配方粉類用量又偏高，很容易發生配方中粉類總比例偏高配方失衡的情形。

配方中粉類比例偏高，會出現餅乾烤不熟的狀況，即使烤到餅體周圍都上色，但壓中心部分還是軟軟的沒熟，若配方嚴重失衡，烤焙後還會有出油的情形，而初學者若遇到烤很久都烤不熟的情況，常會再提高配方粉量對應，導致問題越來越嚴重，但此時，其實必須降低配方總粉量。

即使原料名稱皆為南瓜粉，但依產地和加工方式的不同，原物料性狀也會略有不同，經由這樣的吸水測試，可以快速得到原物料替換和配方調整的方向，能有效減少試作失敗次數，如欲使用日本南瓜粉，可使用油比糖多的配方進行調整會較適合。

台灣純南瓜粉

日本雪片南瓜粉

01 有鹽奶油＋麥芽糖醇（a），拌均，以打蛋器稍微打發，分次倒入全蛋液（b），打發至完全乳化（c）。

02 低筋麵粉＋南瓜粉＋杏仁粉＋乳酪粉，混合均勻，倒入鋼盆中（d），拌勻（e），裝入塑膠袋壓平（f），放進冰箱冷藏至冰硬。

03 取出，壓揉至麵團軟硬度一致（g），擀至 0.4cm 厚（h），表面撒上日本雪片南瓜粉，抹均勻（i），再放入冰箱冷藏至冰硬。

04 取出，以長 5.8cm、寬 4.5cm 的南瓜造型模壓出成型（j），排上烤盤（k），以上火 150℃／下火 170℃烤約 23 分鐘即可。

楓糖德國結餅乾

製作份量
約 8~9g×40 片

最佳賞味
常溫 14 天

主體配方

食材	實際用量 (g)	烘焙百分比 (%)
無鹽奶油	70	48.3
楓糖粉	80	55.2
全蛋液	30	20.7
低筋麵粉	145	100.0
杏仁粉	25	17.2
total	350	241.4

其他材料

楓糖粉適量、白巧克力適量、銀箔糖適量

研發筆記

● **剩餘麵團再利用**

麵團壓模成型剩餘的麵團,可將表面多餘楓糖粉稍做清除,重新擀成 0.4cm 厚,再重覆壓模作業,但不建議第三次重覆作業,因為麵團的楓糖比例則會越來越高,也會隨之變硬。

若希望麵團能被盡量用盡,表面楓糖粉可選擇壓出成型後再撒上,或不撒楓糖粉都可以。

/ 作法 /

01 無鹽奶油＋楓糖粉（a），拌均，以打蛋器稍微打發，倒入全蛋液（b），打發至完全乳化（c）。

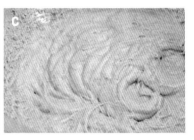

02 加入混合均勻的低筋麵粉＋杏仁粉（d），拌勻（e），裝入塑膠袋壓平，放入冰箱冷藏至冰硬，取出，壓揉至麵團軟硬度一致（f）。

03 將麵團擀至 0.4cm 厚（g），表面撒上楓糖粉（h），抹均勻（i），再放入冰箱冷藏至冰硬。

04 取出，以長 6cm、寬 4cm 的德國結造型模壓出成型（j），排上烤盤（k），以上火 150℃／下火 150℃烤約 17 分鐘，出爐冷卻，備用。

05 白巧克力隔水加熱至融化，將餅乾一半沾上白巧克力（l），撒上銀箔糖裝飾（m），靜置到巧克力凝固（n）即可。

薑餅糖霜餅乾

製作份量
約 20g × 20 片

最佳賞味
常溫 14 天

／主體 配 方／

食材	實際用量 (g)	烘焙百分比 (%)
蜂蜜	120	40
轉化糖漿	60	20
水	30	10
低筋麵粉	255	85
裸麥粉	45	15
鹽	1	0.3
肉桂粉	4	1.3
薑母粉	4	1.3
小蘇打粉	3	1
total	522	173.9

＜蛋白糖霜＞

食材	實際用量 (g)
蛋白	10
純糖粉	65
食用色素	適量

其他材料

銀箔糖少許、細砂糖適量

研|發|筆|記

● **薑餅要置於室溫回軟再食用**

薑餅麵團是用來製作薑餅屋或是薑餅吊飾,是屬擺飾及觀賞性質較重之麵團種類,所以餅乾烤焙後口感較硬,不適合立即食用,隨著放置於室溫,配方中之蜂蜜及轉化糖漿發揮吸濕功能,餅乾會漸漸變軟,變軟後即適合食用。

● **蛋白糖霜製作**

蛋白＋純糖粉,拌勻即為蛋白糖霜,可加入食用色素調出喜歡的顏色。

● **蜂蜜添加總量差異比較**

在餅乾配方中也可以加入蜂蜜、黑糖漿或楓糖漿,來變化餅乾口味,並能有效增加風味,而於餅乾研究室中基礎原料-糖的篇章中建議添加量可從麵團總量的 2% 開始加起,而在油比。

糖多之配方中添加量則可再增加,以下是以油:糖 = 1.8:1 之配方,添加蜂蜜量分別為麵團總量之 5%、10% 與 15% 三組配方比較,測試其變化和差異:

配方對照

類別　　材料(g)	蜂蜜5%	蜂蜜10%	蜂蜜15%
無鹽奶油	100	100	100
糖粉	55	55	55
全蛋液	20	20	20
低筋麵粉	150	150	150
總合	325	325	325
蜂蜜添加量	16	32	48
烤焙後			
口感	越酥 ←──────────────→ 越硬		
烤焙擴展度	越小 ←──────────────→ 越大		
烤焙上色度	越淺 ←──────────────→ 越深		

差異說明

三組配方製作的餅乾,依其外觀和試吃結果,皆是可被成立的餅乾配方,而蜂蜜整體的烘焙特性和糖特性相同,隨著用量增加,口感會變脆硬,擴展度也會變大,烤焙上色度也會變深,但蜂蜜具有較強之吸濕性,所以餅乾烤製完後,從冷卻到包裝保存過程都需注意,不能讓餅體吸收到太多水氣,使餅乾受潮。

配方中可使用含蜜糖搭配蜂蜜一起製作餅乾,如此糖蜜般的香氣則會更明顯濃郁,所以能運用在橄欖油或椰子油所製作的餅乾配方中,可補足油脂烤焙後香氣不足的問題,並搭配雜糧、全麥、養生多穀物或燕麥胚芽等原料,便可製作出較健康又好吃的餅乾。

01 蜂蜜＋轉化糖＋水（a），攪拌均勻，加入混合均勻的低筋麵粉＋裸麥粉＋鹽＋肉桂粉＋薑
母粉＋小蘇打粉（b），拌勻，蓋上保鮮膜，鬆弛 10 分鐘（c）。

02 將麵團擀至 0.4cm 厚（d）（可撒一點高筋麵粉防黏），以雪花和聖誕樹模型壓出成型（e），
排上烤盤（f），以上火 170 ／下火 150℃烤 20 ～ 22 分鐘。

03 餅乾出爐冷卻後（g），表面擠上糖霜，撒上銀箔糖裝飾（h~i），靜置乾燥即可。

液態實驗室

餅乾配方中，液態原料可以糊化澱粉，讓餅乾的化口性更好外，還可以調節麵團軟硬度，而添加不同液態原料則可改變餅乾風味、口感、烤焙外觀以及上色度。

原料 評比項目	全蛋液 分約76%以下 含脂率約11%	蛋白液 水分約89%以下
無鹽奶油	100g	100g
細砂糖	120g	120g
液態原料	60g	60g
低筋麵粉	180g	180g
總合	460g	460g
烘烤前		
烘烤後		
麵糊軟硬度	◎	○
烤焙上色度	○	○
烤焙後表面 紋路明顯度	◎	◎
餅體酥鬆度	◎	○
餅體香氣	奶油香味	奶油香味

※ 固定材料比例，變動液態原料種類，以上火 170℃／下火 160℃ 烤 17 分 30 秒（唯添加檸檬汁的配方需烘烤 22 分鐘）。

蛋黃液 水分約57%以下 含脂率約30%	動物性鮮奶油 含糖率約3.1% 含脂率約35.1%	鮮奶 含糖率約5% 含脂率約3.7%	原味優格 含糖率約3.1% 含脂率約3.7%
100g	100g	100g	100g
120g	120g	120g	120g
60g	60g	60g	60g
180g	180g	180g	180g
460g	460g	460g	460g
●	◎	○	○
◎	◎	○	○
●	○	◎	◎
●	●◎	○	○
蛋黃香	似牛奶糖味	似淡奶粉味	似淡奶粉味

●：最（香、酥鬆、硬、深）　◎：適中　○：尚可　　×：差（軟、淺）

液態實驗表格對照

原料 / 評比項目	煉乳 含糖率約57.6% 含脂率約8%	白蘭地（酒類）	檸檬汁
無鹽奶油	100g	100g	100g
細砂糖	120g	120g	120g
液態原料	60g	60g	60g
低筋麵粉	180g	180g	180g
總合	460g	460g	460g
烘烤前			
烘烤後			
麵糊軟硬度		●	×
烤焙上色度		○	●
烤焙後表面紋路明顯度	麵團過硬	○	×
餅體酥鬆度		×	×
餅體香氣		酒香味	檸檬味

●：最（香、酥鬆、硬、深）　◎：適中　○：尚可　×：差（軟、淺）

<table>
<tr><td>液態
實驗結果
說明</td></tr>
</table>

[麵糊軟硬度]

　　煉乳麵糊的性狀最硬，很難擠出成型；蛋黃和白蘭地麵糊較硬；其次為全蛋液和動物性鮮奶油；蛋白、鮮奶及原味優格會較軟；檸檬汁在麵糊乳化完成後，狀態會較其他組別紮實，但加入麵粉攪拌後，麵糊性狀比其他組別更軟，麵糊的表面則會感覺是水水的狀態。

[烤焙上色度]

　　檸檬汁麵團若以同樣溫度烤焙 17 分 30 秒，因為水分過多，會烤不熟，所以時間必須延長，餅乾體周圍顏色會較黑，中間顏色偏白，但周圍顏色已達無法接受的深度，所以判定烤焙顏色最深；次之為蛋黃和動物性鮮奶油；全蛋液、蛋白液、鮮奶、原味優格及白蘭地的餅體上色度則稍微淺些。

[烤焙後表面紋路明顯度]

　　烤焙完成的表面擠花紋路以添加蛋黃的餅體最立體明顯；次之為全蛋液、蛋白液、鮮奶及原味優格；動物性鮮奶油和白蘭地麵糊擴展度較大，表面紋路則較不明顯；檸檬汁表面擠花紋路則最不明顯。

[餅體酥鬆度]

　　添加蛋黃的餅乾口感最為酥鬆；其次為動物性鮮奶油；而全蛋液較為酥脆；蛋白、鮮奶及原味優格口感則較脆；檸檬汁和白蘭地餅乾則較脆硬。

液態原料特性 & 運用建議

A 全蛋液

　　蛋黃具有乳化性、蛋白具有凝固性，這兩種優異特性非常適合餅乾製作，也是其它液態原料所缺乏的特性。蛋液既能提供麵糊適當水分使澱粉糊化，蛋黃中的油脂更具有乳化打發效果，會增加餅體酥鬆口感，是最常添加於餅乾配方中的基本液態原料。

B 蛋黃

　　蛋黃具有乳化性，單獨添加入餅乾配方中，能增加餅體酥鬆度，餅體顏色也會偏黃，餅乾呈現蛋黃風味，和全蛋液所製作出的奶香〈奶酥〉味不同，較少單獨添加於餅乾配方中。經典的卡蕾特餅乾配方中，會添加蛋黃做為液態原料，並搭配蘭姆酒增加風味，若要利用添加蛋黃來增加餅乾顏色和酥鬆度，要注意餅乾味道呈現和與其他風味食材搭配的協調性。

C 蛋白

　　蛋白為透明無色，搭配有色食材（色素）製作餅乾，可降低對麵團烤焙後的色澤干擾，餅體口感也會偏脆、風味較清爽，可搭配發酵奶油降低奶香味，運用在水果口味的餅乾，例如：藍莓、草莓、檸檬等粉色系餅乾製作。如果想要增加餅乾的清爽口感，可選擇糖量比例較高的配方，降

低奶油香氣，突顯水果的清爽酸甜風味。若想要讓餅體降低烤焙上色度，保持粉色系餅乾體，則可將麵團成型的重量減少，或將麵團壓薄一點，縮短烤焙時間，降低上色度。

D 動物性鮮奶油

使用鮮奶油製作餅乾會呈現類似牛奶糖的氣味，和全蛋液所呈現的奶油〈奶酥〉香氣明顯不同，所以搭配咖啡，巧克力及抹茶等口味中又會增加鮮奶油香氣。而鮮奶油為乳白色，所以運用在抹茶、紫芋、南瓜及黑芝麻粉等口味中，既不會破壞食材所呈現的顏色，又能增加鮮奶油的特殊風味。

E 鮮奶

鮮奶的乳化性較差，運用在餅乾製作並不會呈現太明顯的特色風味，所以在一般餅乾製作較少使用，若要製作牛奶風味餅乾，單純加入鮮奶，風味會略顯不足，必須增加奶香味較重的原料搭配製作，例如：動物性鮮奶油、煉乳及牛奶香料粉等原料輔助。

F 原味優格

原味優格帶有天然乳酸，可搭配發酵奶油製作出口味較清爽的水果風味餅乾，如本書食譜示範的 P.127 鳳梨優格餅乾，餅乾風味清爽，配方中再添加鳳梨乾，也會讓水果味道更為顯著。

G 白蘭地（酒類）

添加白蘭地所製作出的餅乾口感較脆硬，酒香氣明顯，建議適合搭配葡萄乾及燕麥堅果類製作餅乾。若要添加酒類於配方中，可挑選風味較強烈，如：貝禮詩香甜酒、咖啡酒、巧克力酒及康圖酒 .. 等，餅乾風味會更有特色。

H 煉乳

添加煉乳的餅乾，其奶香味會較濃郁，適合製作牛奶風味餅乾，在擠花成型烤焙後，餅乾表面紋路也會較立體。煉乳含糖量高，整體水分較低，如以實驗組配方〈糖比油多〉，以同等量煉乳取代液態原料，麵團則會過硬。若要添加煉乳，可選擇油比糖多、液態比例相對較低的擠型奶酥餅乾配方，麵團性狀的變化會較小。

以下是以實驗對照組配方，比較進行配方調整的配方 A 和使用油比糖多的配方進行製作的配方 B：

實驗對照組配方調整為配方 A

煉乳含糖量為 57.6％，實驗組配方液態原料用量為 60g，所以煉乳 60g 含糖量為 $60×0.576$ ＝ 34.56，將其設定為整數 35g。

糖量調整→實驗組配方中糖用量為 120g，因 60g 煉乳含糖 35g，所以配方中糖量調整為 120g － 35g ＝ 85g。

液態調整→ 60g 煉乳中含有 35g 糖，所以額外添加 35g 鮮奶補足液態量，因此配方中液態添加量為 60g 煉乳＋ 35g 鮮奶。

煉乳餅乾配方調整

組別 配方與結果	實驗組配方	調整配方A	調整配方B
無鹽奶油	100g	100g	100g
細砂糖	120g	85g	55g
煉乳	60	60g	30g
鮮奶		35g	
低筋麵粉	180	180g	150g
總合	460g	460g	335g
製品照			

▌ 檸檬汁

檸檬汁可搭配檸檬皮和天然檸檬果汁粉，用以製作檸檬餅乾，也可利用檸檬汁的酸度製作蔓越莓、草莓、覆盆子等酸口味餅乾。若餅乾酸味太過強烈，也可搭配其他液態原料製作。液態完全為檸檬汁的麵團容易有上色太深的問題，以下示範透過調整油和糖的方式改善配方架構。

實驗組配方中添加約 13%的檸檬汁，不僅餅乾表面擠花紋路變淺外，餅乾底部及周圍也會較易上色，所以可選用油比糖多、液態原料相對比例也會較低的配方製作，則可改善餅乾表面紋路和著色度不均勻的問題，調整的配方雖然降低檸檬汁用量，但檸檬汁的酸味和香氣還是很明顯。

檸檬汁餅乾配方調整

液態 配方與結果	實驗組配方	調整後配方
無鹽奶油	100g	100g
細砂糖	120g	55g
檸檬汁	60	30g
低筋麵粉	180	150g
總合	460g	335g
製品照		

鳳梨優格餅乾

主體 配 方

食材	實際用量 (g)	烘焙百分比 (%)
發酵奶油	80	89
細砂糖	100	111
原味優格	45	50
低筋麵粉	90	100
椰子粉	30	33
酒漬鳳梨乾	50	56
total	395	439

其他材料

玉米片20g、椰子絲20g

研發筆記

● 發酵奶油 VS. 水果

使用發酵奶油搭配原味優格會有微酸清爽的香氣，非常適合搭配製作微酸水果口味的餅乾時使用。

● 酒漬鳳梨乾前處理

酒漬鳳梨乾可以鳳梨乾：白蘭地＝ 9：1 的比例浸泡，配方中所使用的酒漬鳳梨乾請切成 0.5cm 大小的小丁，再浸泡白蘭地至入味即可。

01 發酵奶油＋細砂糖，拌勻，以打蛋器稍微打發（a），分兩次倒入原味優格（b），打發至完全乳化（c）。

02 加入混合均勻的低筋麵粉＋椰子粉（d），稍微拌一下，加入酒漬鳳梨乾（e），拌勻（f）。

03 使用直徑 3.5cm 冰淇淋挖杓器挖取麵團，倒扣在混合均勻的玉米片＋椰子絲中（g），裹勻（h），放上烤盤，壓平（i），以上火 170℃／下火 150℃烤約 20 分鐘即可。

● **自製糖漬鳳梨乾**

市售食物乾燥機越來越普及，讀者也可以利用食物乾燥機自製果乾，製作的鳳梨乾只要以新鮮鳳梨片

和冷卻的糖水以 1：1 的比例浸泡一天，再放入食物乾燥機，以 57℃烘乾，取出冷卻即可。

※【糖水調製】細砂糖：沸水以 1：2 的比例，調勻至砂糖融化即可。

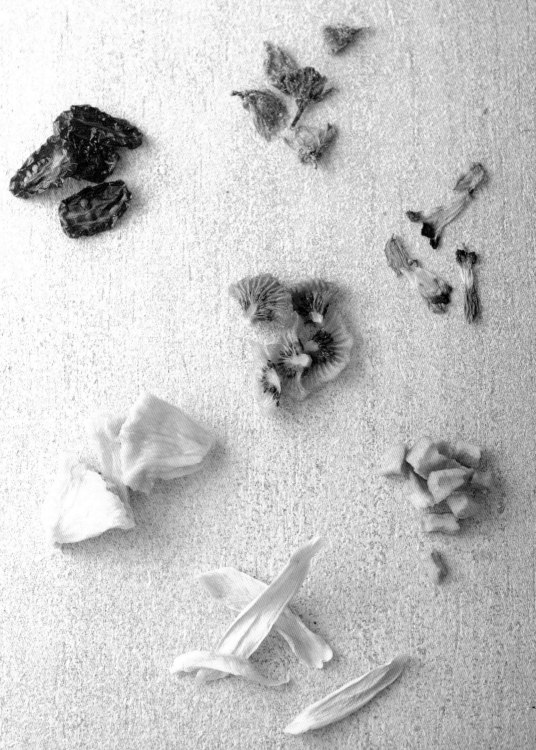

可可貝禮詩曲奇

主體 配 方

<下層：7~8g／個>

食材	實際用量 (g)	烘焙百分比 (%)
無鹽奶油	128	100
細砂糖	64	50
全蛋液	40	31
低筋麵粉	128	100
杏仁粉	24	19
可可粉	19.2	15
total	403.2	315

<上層：5~6g／個>

食材	實際用量 (g)	烘焙百分比 (%)
無鹽奶油	100	83
糖粉	53	44
貝禮詩奶酒	20	17
低筋麵粉	120	100
可可粉	14	12
total	307	256

其他材料

苦甜巧克力適量、金箔少許

 研發筆記

● 增添香氣與風味的奶酒

貝禮詩奶酒雖然為液態原料，但帶有濃郁的牛奶糖氣味，味道非常香醇自然，可當作香料添加入麵團中，也可搭配適合奶香味的餅乾口味，如咖啡、抹茶及香草等，會為餅乾增色不少。

01 【下層餅乾】無鹽奶油＋細砂糖（a），拌勻（b），以打蛋器稍微打發（c）。

02 倒入全蛋液（d），打發至完全乳化，加入混合均勻的低筋麵粉＋杏仁粉＋可可粉（e），拌勻成團（f），裝入塑膠袋壓平，放進冰箱冷藏至冰硬。

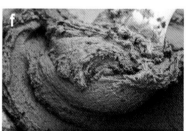

03 取出，壓揉至麵團軟硬度均勻（g），擀至 0.4cm 厚（h），放進冰箱冷藏至冰硬，取出，以直徑 4cm 的圓模壓出成型（i），以上火 170℃／下火 170℃烤到半熟，約烤 7 分鐘，出爐備用。

04 【上層餅乾】無鹽奶油＋糖粉（j），拌勻，以打蛋器稍微打發，倒入貝禮詩酒（k）打發至
完全乳化（l）。

05 加入混合均勻的低筋麵粉＋可可粉（m），拌勻成團（n），裝入九齒小菊花嘴擠花袋，在冷
卻的下層半熟餅乾上，擠一圈菊花形麵糊（o）。

06 以上火 150℃／下火 150℃烤約 25 分鐘，出爐冷卻（p），在中間填入隔水加熱至融化的苦
甜巧克力（q），再點上金箔裝飾（r）即可。

以動物性鮮奶油搭配香草籽風味

香草曲奇

主體配方

\<下層：7~8g／個\>

食材	實際用量 (g)	烘焙百分比 (%)
無鹽奶油	128	88
細砂糖	64	44
動物性鮮奶油	40	28
低筋麵粉	145	100
杏仁粉	25	17
total	402	277

\<上層：5~6g／個\>

食材	實際用量 (g)	烘焙百分比 (%)
無鹽奶油	100	71
糖粉	53	38
動物性鮮奶油	20	14
低筋麵粉	140	100
香草莢	1/2條	1/3條
total	313	223

其他材料
白巧克力適量、覆盆子裝飾果粒少許

研發筆記

● 餅乾也需要熟成！

香草籽若與動物性鮮奶油一起煮滾，立即就能感受香草風味，但配方中動物性鮮奶油用量太少無法煮製，但若將烤焙完成的餅乾置放 2 ～ 3 天，香草味道則會慢慢變明顯，其實餅乾也是要熟成的，經過放置，食材風味則會更加明顯，但前提是必須做好密封保存，避免餅體受潮。

● 覆盆子裝飾果粒

覆盆子裝飾果粒可在日系烘焙材料行購得。是由糖、澱粉、覆盆子濃縮液及香料等原料製作而成，像碎糖果狀態，並非覆盆子果乾。

01 **【下層餅乾】** 無鹽奶油＋細砂糖（a），拌勻，以打蛋器稍微打發（b），倒入動物性鮮奶油（c）。

02 打發至完全乳化（d），加入混合均勻的低筋麵粉＋杏仁粉，拌勻成團（e），裝入塑膠袋壓平（f），放進冰箱冷藏至冰硬。

03 取出，壓揉至麵團軟硬度均勻（g），擀至 0.4cm 厚（h），放進冰箱冷藏至冰硬，取出，以直徑 4cm 的圓模壓出成型（i），以上火 170℃／下火 170℃烤到半熟，約烤 7 分鐘，出爐備用。

04 **【上層餅乾】** 將香草籽刮入糖粉中（j），以手指把香草籽和糖粉搓開（k），加入無鹽奶油（l），拌勻。

05 以打蛋器稍微打發，倒入動物性鮮奶油（m），打發至完全乳化，加入低筋麵粉（n），拌勻成團（o）。

06 將麵團裝入九齒小菊花嘴擠花袋，在冷卻的下層半熟餅乾上擠一圈菊花形麵糊（p~q）。

07 以上火 150℃／下火 150℃烤約 25 分鐘，出爐冷卻，在中間填入隔水加熱至融化的白巧克力（r），再撒上覆盆子裝飾果粒（s）即可。

原味卡蕾特 ▶ P.140

以蛋黃搭配經典蘭姆酒

可可卡蕾特 ▶ P.142

以全蛋液融合白蘭地酒香

原味卡蕾特

製作份量
約 12~13g×18 片

最佳賞味
常溫 14 天

/ 主體 配 方 /

食材	實際用量 (g)	烘焙百分比 (%)
無鹽奶油	100	95.2
糖粉	60	57.1
蛋黃	15	14.3
蘭姆酒	5	4.8
低筋麵粉	105	100.0
total	285	271.4

其他材料
全蛋液適量、罌粟籽少許

研發筆記

● **餅體和烤模的大小**

製作卡蕾特時，如麵團厚度擀到 1cm，與餅體一同入爐的烤模就要比麵團直徑大上 0.5cm
左右，因為麵團烘烤時會膨脹擴張，需保留空間讓麵團展開，但此次製作只將麵團擀到
約 0.5cm 厚，膨脹程度較小，所以壓模與烤模只需用同一尺寸即可。

● **加粉改變餅體口感**

此配方原料種類簡單，餅體口感酥鬆，若希望口感再酥硬點，也可再增加麵粉的用量。
若要增加杏仁粉香氣，只需直接在配方中加入 15 ～ 20g 的杏仁粉即可。

● **脫模小技巧**

出爐冷卻脫模時，若餅體有黏膜情形，可稍微使用小刀劃一下，餅乾體會更完整。

01 無鹽奶油＋糖粉（a），拌勻，以打蛋器稍微打發（b），倒入蛋黃＋蘭姆酒（c），打發至完全乳化。

02 加入低筋麵粉（d），拌勻成團（e），裝入塑膠袋壓平（f），放進冰箱冷藏至冰硬。

03 取出，壓揉至麵團軟硬度均勻（g），擀至0.5～0.6cm厚（h），再放入冰箱冷藏至冰硬，取出，使用長 8.5cm、寬 2.9cm 的長橢圓烤模壓出成型（i）。

04 排上烤盤，表面刷上全蛋液（j），放入冰箱冷藏，讓表面稍微乾燥，取出再刷一次全蛋液，立即以叉子在表面劃出線條（k），撒上罌粟籽（l），稍微乾燥後再套入烤模（m），以上火 180℃／下火 130℃烤約 25 分鐘即可。

可可卡蕾特

製作份量
約 12~13g×18 片

最佳賞味
常溫 14 天

主體 配方	食材	實際用量 (g)	烘焙百分比 (%)
	無鹽奶油	85	121.4
	糖粉	70	100.0
	可可膏	30	42.9
	全蛋液	18	25.7
	白蘭地	5	7.1
	低筋麵粉	70	100.0
	可可粉	5	7.1
	total	283	404.2

其他材料
全蛋液適量、罌粟籽少許

● **粉量少時麵團揉壓要注意**

配方中粉量越少,自冷藏取出後要壓揉至軟硬度均勻會比較困難,所以可在冷藏過程中,當麵團呈現半軟硬的狀態時就進行揉壓動作,如此重複兩到三次,最後取出麵團擀開的狀態質地會比較均勻。

● **使用可可膏的調整**

若要將巧克力配方調整加入可可膏,所製作出的餅乾除了味道會較濃郁外,顏色也會較深,所以可相對減少可可粉的用量。

● **餅乾熟度判斷**

餅乾烤熟時,用手指按壓中心點會有微軟但不下陷的感覺,出爐冷卻後就會變得酥硬。

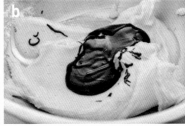

/ 作法 /

01 無鹽奶油＋糖粉（a），拌勻，加入隔水加熱至融化的可可膏（b），稍微打發，倒入全蛋液
　　＋白蘭地（c）。

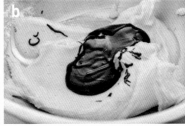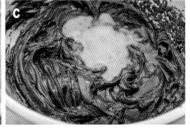

02 打發至完全乳化（d），加入混合均勻的低筋麵粉＋可可粉（e），拌勻成團（f），裝入塑
　　膠袋壓平，放進冰箱冷藏至冰硬。

03 取出，壓揉至麵團軟硬度均勻（g），擀至0.5～0.6cm厚（h），再放入冰箱冷藏至冰硬，取出，
　　使用長 8.5cm、寬 2.9cm 的長橢圓烤模壓出成型（i）。

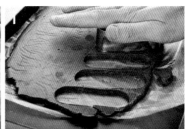

04 排上烤盤，表面刷上全蛋液（j），放入冰箱冷藏，讓表面稍微乾燥，取出再刷一次全蛋液，
　　立即以叉子在表面劃出線條（k），撒上罌粟籽（l），稍微乾燥後再套入烤模（m），以上
　　火 180℃／下火 130℃烤約 31 分鐘即可。

椰子咖啡可可雙層 ▶ P.145

██ 咖啡酒＋動物性鮮奶油的濃郁咖啡牛奶香

椰子咖啡可可雙層

主體配方

食材	實際用量 (g)	烘焙百分比 (%)
無鹽奶油	80	61.5
糖粉	65	50
動物性鮮奶油	20	15.4
咖啡酒	20	15.4
即溶咖啡粉	4	3.1
低筋麵粉	130	100
椰子粉	40	30.8
杏仁粉	50	38.5
total	409	314.7

其他材料
白巧克力適量、苦甜巧克力適量、熟椰子粉（不烤上色）適量

研發筆記

● 添加即溶咖啡粉的小訣竅
製作餅乾時，如果配方中會添加即溶咖啡粉，可先和液態原料拌勻溶解再加入，若直接加入可能無法均勻溶解分布在麵團中，咖啡香氣也會較薄弱。

如果配方中沒有液態原料可混合，可使用食物研磨機將即溶咖啡粉顆粒打細，再加入使用會比較容易拌勻。

01 無鹽奶油 + 糖粉（a），拌勻，以打蛋器稍微打發（b），倒入動物性鮮奶油（c），拌勻。

02 加入調勻的咖啡酒＋咖啡粉（d），打發至完全乳化（e）。

03 加入混合均勻的低筋麵粉＋椰子粉＋杏仁粉，拌勻成團（f ~g），裝入塑膠袋中壓平（h），放進冰箱冷藏至冰硬。

04 取出，揉壓至麵團軟硬度均勻（i），擀至 0.4cm 厚（j），表面刷上薄薄高筋麵粉（k）。

05 格紋擀麵棍刷上一層薄薄的高筋麵粉（l），在麵皮上擀出格紋狀（m），放進冰箱冷藏至冰硬。

06 取出，切成 2.5cm×3.5cm 大小（n~o），排上烤盤（p），以上火 150℃／下火 150℃烤約 18 分鐘，出爐，冷卻備用。

07 白巧克力隔水加熱至融化，將冷卻的餅乾 1/3 處斜沾白巧克力（q），撒上熟椰子粉（r），靜置到白巧克力固化（s）。

08 苦甜巧克力隔水加熱至融化，填入造形矽膠模（t），再放上餅乾體（u），待苦甜巧克力固化後脫模（v）即可。

黑櫻桃酥塔 ▶ P.150
■ 蛋黃＋動物性鮮奶油兼顧色澤和奶香

原味轉印餅乾 ▶ P.152

純粹的蛋黃風味

黑櫻桃酥塔

主體份量
約 15g × 20 個

最佳賞味
常溫 14 天

/ 主體 **配** 方 /

食材	實際用量 (g)	烘焙百分比 (%)
無鹽奶油	80	76.2
糖粉	50	47.6
蛋黃	15	14.3
動物性鮮奶油	20	19.0
低筋麵粉	105	100.0
杏仁粉	30	28.6
香草莢	1/3條	1/3條
total	300	285.7

其他材料
黑櫻桃果醬80g

● 以蛋黃搭配動物性鮮奶油兼顧色澤與風味

餅乾配方中，液態原料若單純只添加蛋黃，雖然可增加麵團色澤，但是蛋黃的味道會太重，影響餅乾的奶香風味。而此配方為保有淡黃色澤和奶香風味，所以，選擇以蛋黃和動物性鮮奶油搭配使用。

01 將香草籽刮入糖粉中（a~b），以手指搓開香草籽和糖粉（c）。

02 加入無鹽奶油（d），拌勻，以打蛋器稍微打發（e），倒入蛋黃（f），拌勻。

03 加入動物性鮮奶油（g），打發至完全乳化，加入混合均勻的低筋麵粉＋杏仁粉（h），拌勻成團（i）。

04 將麵團裝入平口花嘴，在直徑 4.5cm 的塔杯底部擠一層約 8g 的麵團（j），再使用直徑 0.7cm 的 9 齒菊花嘴，在表面周圍擠一圈（k），在中間填入 4g 的黑櫻桃果醬（l），以上火 160℃／下火 160℃烤約 30 分鐘，出爐，冷卻脫模即可。

 **原味轉印餅乾**

製作份量
約 8~9g×45 片

最佳賞味
常溫 14 天

主體配方

食材	實際用量 (g)	烘焙百分比 (%)
無鹽奶油	110	66.7
糖粉	75	45.5
蛋黃	18	10.9
低筋麵粉	165	100
杏仁粉	15	9.1
total	383	232.2

其他材料

巧克力轉印紙1張

 研發筆記

● **常溫麵團便於轉印紙圖案附著**

在麵團上貼覆巧克力轉印紙時，麵團需回復到常溫，轉印紙的圖案比較容易附著，且避免在冷氣房操作。冬天時麵團溫度較低，巧克力轉印紙的轉印效果會較差，所以操作環境的溫度很重要，轉印紙貼覆上後，可試推小部份的麵團，若轉印紙圖案會糊開，就代表會轉印成功，若不會糊開，則代表容易失敗。

01 無鹽奶油＋糖粉，拌勻（a），以打蛋器稍微打發（b），倒入蛋黃（c）。

02 打發至完全乳化（d），加入混合均勻的低筋麵粉＋杏仁粉，拌勻成團（e~f），裝入塑膠袋壓平，放進冰箱冷藏至半軟硬狀態。

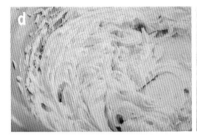  

03 取出，壓揉至軟硬度均勻（g），擀至 0.4cm 厚（h），待麵皮回復到常溫，貼上巧克力轉印紙（i），輕輕壓平，再放入冰箱冷凍至冰硬。

04 取出，撕下轉印紙（j），切成 4×4cm 的正方形（k），排上烤盤（l），以上火 150℃／下火 150℃烤約 15 分鐘即可。

巧克力轉印夾心 ▶ P.155

蛋黃與堅果風味粉的平衡

巧克力轉印夾心

主體份量
約 8~9g (片)×25 組

最佳賞味
常溫 14 天

/ 主體 配 方 /

食材	實際用量 (g)	烘焙百分比 (%)
無鹽奶油	130	70.3
糖粉	95	51.4
蛋黃	20	10.8
低筋麵粉	185	100
可可粉	20	10.8
杏仁粉	10	5.4
total	460	248.7

＜抹茶甘納許＞

食材	實際用量 (g)
調溫白巧克力	50
無鹽奶油	40
抹茶粉	5
白蘭地	2.5
糖粉	10
total	107.5

其他材料
巧克力轉印紙1張

● **壓模時，麵團要保持低溫**

轉印餅乾如果要作方形，建議直接用刀切，如果想做造型餅乾，因為必須使用壓模，並用手將麵團推出，手的溫度會把轉印紙圖案推糊。因此，在壓模時的麵團溫度需較低溫，最好在轉印完成後，放進冰箱冰過再壓取麵團，可避免破壞轉印的圖案。

01 【餅乾主體】無鹽奶油＋糖粉（a），拌勻，以打蛋器稍微打發（b），倒入蛋黃（c），拌勻。

02 打發至完全乳化（d），加入混合均勻的低筋麵粉＋可可粉＋杏仁粉（e），拌勻成團（f），裝入塑膠袋壓平，放入冰箱冷藏至半軟硬狀態即可。

03 取出，壓揉至軟硬度均勻（g），擀至 0.4cm 厚（h），待麵皮回復到常溫，貼上巧克力轉印紙（i），輕輕壓平，再放入冰箱冷凍至冰硬。

04 取出，撕下轉印紙（j），切成 3.7×3.7cm 的正方形（k），排上烤盤（l），以上火 150℃／下火 150℃烤約 15 ～ 17 分鐘，出爐，冷卻備用。

05 【抹茶甘納許】白巧克力隔水加熱（m）至融化，加入抹茶粉（n），拌勻（o）。

06 續入無鹽奶油（p），拌勻，加入糖粉（q），拌勻，倒入白蘭地（r），拌勻（s），放進
　　冰箱冷藏，備用。

07 取出抹茶甘納許，裝入擠花袋，擠在餅乾上（t），再取另一片餅乾夾起（u）即可。

Lesson 5

粉類實驗室

不同的粉類原料具有不同特性，因其吸水性不同、風味的不同，在餅乾製作上，除了改變麵團軟硬度（吸水性不同），在風味、餅體顏色及膨脹度（提高酥鬆口感）等，都具有很大的影響力。

粉類 配方與結果	高筋麵粉	低筋麵粉
無鹽奶油	100g	100g
細砂糖	55g	55g
全蛋液	20g	20g
粉類	160g	160g
總和	335g	335g
烘烤前		
烘烤後		
麵團軟硬度	●◎	◎
餅體顏色	黃色	黃色
烤焙後表面紋路明顯度	◎	◎
餅體膨脹度	×	○
餅體酥鬆度	○	◎

全麥麵粉	雜糧粉預拌粉	裸麥粉	上新粉
100g	100g	100g	100g
55g	55g	55g	55g
20g	20g	20g	20g
160g	160g	160g	160g
335g	335g	335g	335g
●	×	●	◎○
深咖啡色	黑咖啡色	淺咖啡色	淺黃
●	無紋路	●	○
×	擴展度大	×	◎○
×	口感偏軟	○	●

●：最（酥鬆、硬、深、大）　　◎：適中　　○：尚可　　×：差（不酥鬆、軟、淺、小）

159

粉類 配方與結果	製果用米粉	玉米粉	馬鈴薯澱粉	小麥澱粉
無鹽奶油	100g	100g	100g	100g
細砂糖	55g	55g	55g	55g
全蛋液	20g	20g	20g	20g
粉類	160g	160g	160g	160g
總和	335g	335g	335g	335g
烘烤前				
烘烤後				
麵團軟硬度	○	○	○	○
餅體顏色	淺黃	偏白	偏白	偏白
烤焙後表面紋路明顯度	○	○	×	○×
餅體膨脹度	◎○	◎	●	◎
餅體酥鬆度	●	●	●	●

●：最（酥鬆、硬、深、大）　◎：適中　○：尚可　×：差（不酥鬆、軟、淺、小）

**實驗結果
說明**

[麵糊軟硬度]

粉類吸水性不同，所以麵團軟硬度會有明顯差別。全麥麵粉與裸麥粉吸水性較高，麵團性狀會最硬，次之為高筋麵粉，麵團性狀會比全麥麵粉軟一點，這三種粉類所製作出的麵團較硬，不易擠出成型。低筋麵粉和上新粉的麵團性狀會比高筋麵粉麵團性狀還軟，擠出成型較好操作；而製菓用米粉、玉米粉、馬鈴薯澱粉及小麥澱粉，這四者的吸水性較小，麵糊性狀會更軟；雜糧預拌粉含有穀粒，所以粉類的比例較少，所製作出的麵團性狀較稀，無法使用菊花花嘴擠出成型。

[烤焙後表面紋路明顯度]

全麥麵粉和裸麥粉所製作的餅乾表面擠花紋路經烤焙後最為明顯，其次為高筋麵粉和低筋麵粉。上新粉、製菓用米粉、玉米粉，小麥澱粉的紋路略為不明顯，而以馬鈴薯澱粉的烤焙紋路最不明顯。

[餅體烤焙膨脹度]

高筋麵粉、全麥麵粉及裸麥粉因吸水性高、麵團較硬，烤焙膨脹度會較差。低筋麵粉、上新粉及製菓用米粉的麵團烤焙後會略為膨脹。玉米粉、小麥澱粉及馬鈴薯澱粉的烤焙膨脹度會較大，其中以馬鈴薯澱粉的膨脹度最大，這類澱粉可稱為天然泡打粉，適量的添加少量來取代麵粉用量，可以讓餅乾體達到膨脹效果，口感也會較為酥鬆。

[餅體酥鬆度]

利用上新粉、製果用米粉、玉米粉、小麥澱粉及馬鈴薯澱粉所製作出的餅體口感會太過酥鬆，非常容易破碎，所以不太適合單純使用。全麥麵粉所製作出的餅乾口感為最脆硬、酥鬆度最差。其次為高筋麵粉的餅體口感較脆硬，裸麥粉所製作出的餅體口感雖紮實，但硬中帶有很細微的濕度。

粉類特性&運用建議

A 高筋麵粉

高筋麵粉吸水性高，製作出的餅乾麵團會偏硬、麵團容易出筋、烤焙易上色、餅乾口感和低筋麵粉相比會較脆硬，所以在製作餅乾時，單純於配方中添加高筋麵粉的比例不高，幾乎都以低筋麵粉為主。若要稍微調整麵團硬度，可使用部分高筋麵粉取代低筋麵粉，麵團則會明顯變硬。若餅乾烤焙擴展性太大，也可添加高筋麵粉降低烤焙擴展度。

B 低筋麵粉

餅乾配方在添加麵粉攪拌後，低筋麵粉中的蛋白質會產生黏性和彈力，經烤焙加熱後會固化，形成酥鬆口感，餅體組織又能緊密結合，不易崩解成碎塊，是最常添加在餅乾配方中的粉類材料。

若要讓餅乾體更為酥鬆則可使用玉米粉、小麥澱粉或馬鈴薯澱粉取代部分低筋麵粉，增加酥鬆度和餅乾烤焙膨脹度，若想要餅乾口感偏脆硬，則可加入蛋白質含量較高的高筋麵粉等原料，製造出口感差異度。

C 全麥麵粉

全麥麵粉含有較高的膳食纖維和營養價值，運用在餅乾製作中，不但能提高營養機能性，也能增加餅乾的麥香味。若以全麥麵粉等量取代低筋麵粉，麵團性狀會變得比較硬。如本書中的 P.182 楓糖蘋果餅乾，全麥粉用量為 70g，若改為低筋麵粉則要增加至 85g，餅乾烤焙後的擴展度會較一致。

D 雜糧預拌粉

因含有穀粒，吸水性較低，若以雜糧預拌粉等量替換低筋麵粉，麵糊則會過軟，餅乾口感也會偏軟，雜糧風味會過於濃郁，不建議單獨使用在餅乾製作，可搭配低筋麵粉、全麥粉及裸麥粉一起製作。如書中的 P.40 雜糧餅乾中，雜糧預拌粉用量 45g，搭配低筋麵粉 75g，若全改為低筋麵粉製作，低筋麵粉用量則可調整為 90 ～ 95g，所以建議替換方式，可使用 3 份雜糧預拌粉替代 1 份低筋麵粉。

※ 雜糧預拌粉種類眾多，吸水性會不同，若預拌粉含有穀粒，則不建議製作擠花餅乾。

E 裸麥粉

餅乾配方中若單純添加裸麥粉製作，餅乾口感會比較紮實帶軟，不像全麥粉的口感會較脆硬，

風味性原料運用	餅乾配方中通常會加入可可粉、抹茶粉、果汁粉及蔬果粉等粉狀的風味性原料，用來變化餅乾的口味，而添加此類風味性粉料，則需適當調降低筋麵粉用量，來達到配方平衡。風味性副原料種類眾多，吸水性也各不相同，所以可利用最簡單、快速的方式測試各種原料的吸水性和吸水後的麵糊狀態，並與低筋麵粉的吸水性做比較，就能快速得到風味性原料與麵粉用量替換概念。

吸水性測試方法：取各種風味材料 10g ＋水 10g，攪拌均勻後靜置觀察其軟硬度。

測試原料	即溶咖啡粉	天然草莓粉	低筋麵粉	純南瓜粉	天然抹茶粉
軟硬度	液態狀		軟 ←		
麵糊性狀					

且餅乾經保存後會有明顯酸味,所以並不建議單獨運用在餅乾製作,建議取代麵粉量的 20%。而裸麥粉的吸水性較高,若同等量替代低筋麵粉,餅乾麵團性狀則會變得較硬。

F 上新粉、製果用米粉

製菓用米粉所製作的麵團硬度會比上新粉所製作的麵團較軟,兩者烤焙膨脹度皆比低筋麵粉大,所以可取代部分低筋麵粉讓餅體更為酥鬆。以實驗組配方(油比糖多)製作的餅乾口感本屬酥鬆,若再以米粉全部取代低筋麵粉,餅乾體口感會過於酥鬆,餅體很容易破碎,所以在酥鬆性餅乾中建議與低筋麵粉搭配使用,不建議單獨使用。

G 玉米粉、小麥澱粉

為了要提升餅乾的酥鬆性,最常使用玉米粉取代部分低筋麵粉,可有效提升餅乾酥鬆口感,而在實驗室原料測試中,小麥澱粉所製作的麵團性狀、烤焙膨脹度及表面紋路明顯度與玉米粉相似,且烤焙後的餅體顏色偏白,很適合製作粉色系或偏白的餅乾體。單純使用玉米粉和小麥澱粉製作餅乾,餅乾體會比米粉所製作的組織更酥鬆,更容易破裂,所以不適合單獨運用於餅乾製作,可從低筋麵粉量的 10%開始以等量取代替換,則可明顯提升酥鬆口感。

H 馬鈴薯澱粉

馬鈴薯澱粉的膨脹度會比玉米粉和小麥澱粉大,且餅乾表面擠花紋路經過烤焙後最淺,所以不建議使用於酥鬆擠花餅乾製作,對餅乾表面擠花紋路影響會較大。

高脂可可粉	雪片南瓜粉	雪片紫芋粉	低脂可可粉
			→ 硬

1 若風味性原料的麵糊軟硬度明顯比低筋麵糊軟：可以 1：1 以下的比例取代低筋麵粉用量。

※ 依簡易吸水性測試，即溶咖啡粉加入等量水攪拌後呈液態狀，吸水性明顯比低筋麵粉低，建議 1 份即溶咖啡粉，可替換 1 份以下的低筋麵粉用量。例如：加入 10g 即溶咖啡粉，可扣除 8g 的低筋麵粉用量。而天然草莓粉加水攪拌後雖然呈現液體狀，吸水性較低，所製作出麵團也會較軟，但餅乾口感則相反會變硬，可再使用部分玉米粉取代低筋麵粉，讓調整前後的餅乾口感較一致。

2 若風味性原料麵糊軟硬度與低筋麵糊軟硬度相當：則以 1：1 的比例取代低筋麵粉用量。

※ 上新粉、台灣純南瓜粉的麵糊軟硬度與低筋麵粉相當，所以建議以 1：1 等量替換即可。而天然抹茶粉和高脂可可粉的麵糊硬度雖明顯較硬，但在安全配方中可等比例替換低筋麵粉，不過麵團軟硬度相較之下會較硬。

3 風味性原料麵糊軟硬度明顯比低筋麵糊硬：則以 1：1 以上的比例取代低筋麵粉用量。

※ 日本雪片南瓜粉、日本紫芋粉及低脂可可粉的麵團偏硬，吸水性明顯比低筋麵粉高，建議 1 份風味性原料，可替換 1 份以上的低筋麵粉用量。

風味性原料的性狀介紹

A 高脂可可粉

高脂可可粉的脂肪含量約為 22%，建議用量為麵團總量的 5 ～ 10%，所以麵團重量為 100g 時，則可加入 5 ～ 10g 高脂可可粉，並直接等比例替換低筋麵粉用量，而麵團性狀會變得比較硬，餅乾口感也會較為脆硬。若要維持原本的麵團性狀，則可稍微減少低筋麵粉用量。

B 低脂可可粉

低脂可可粉的脂肪含量約為 10%，可可粉顏色較淡，可可風味明顯，吸水性較強，若以等比例替換低筋麵粉用量，麵團軟硬度變化會較大，餅乾口感會比高脂可可粉的口感更硬，較少運用在餅乾製作。

C 黑炭可可粉

黑炭可可粉的含脂量約 11%，香氣較高〈低〉脂可可粉差，添加於配方中能讓餅乾顏色變更深黑，缺點是風味較差，所以並不建議使用，若要增加餅乾體深黑色澤，則可使用可可膏搭配高脂可可粉，也可以製作出黑炫色澤。

D 天然抹茶粉

抹茶粉依其原料、產地及製作方式不同，所以會影響餅乾的茶香味、色澤及苦味呈現，必須依照取得原料和喜好差別進行配方調整。抹茶粉苦味明顯比可可粉苦，所以建議從麵團重量 3% 開始添加。

而烘焙賣場除了天然抹茶粉，也可購買到抹茶風味粉，其中可能會添加不同比例的食用色素、香料、麥芽糊精，而加入不同添加物的抹茶粉則較難掌握原物料特性，所製作出的餅乾也較不天然，因此，比較建議讀者使用天然抹茶粉。

E 即溶咖啡粉

即溶咖啡粉的吸水性較低，若以同等比例替換低筋麵粉用量，餅乾的烤焙擴展度則會略微變大，所以可提高低筋麵粉的用量對應。即溶咖啡粉加入麵糊前，要先與液態原料攪拌至溶解後再加入，若與粉料一起加入則會呈顆粒狀分散於麵團中，且無法融解，烤焙後的咖啡風味會較淡。

即溶咖啡粉與抹茶粉的苦味較重，也是建議從麵團重量 3% 開始添加。餅乾配方若為油比糖多的酥鬆性餅乾，餅乾甜度較低，建議抹茶粉和咖啡粉的添加比例則要較低，若配方中糖量較高、餅乾甜度較高，添加比例則可增加。

F 台灣純南瓜粉

台灣製的純南瓜粉是由新鮮南瓜切片乾燥後，以冷凍技術研磨成粉，並沒有額外添加其他原料，是純天然 100%的南瓜粉，顏色較不鮮艷，吸水性比高脂可可粉低，而南瓜粉吸水後，成為粉粉的麵糊狀，可以等量替換低筋麵粉用量，建議添加量為麵團重量的 5%左右。

G 日本雪片南瓜粉

日本製的雪片南瓜粉含糖量約 45%。吸水性高，吸水後的麵糊狀態較硬外，麵糊性狀略帶 Q 彈感，而這類粉性原料如果加入配方製成麵團，在烤焙過程中，餅乾體會有膨脹的濕潤感，即使長時間烤焙，餅乾還是烤不乾，所以在使用吸水性高、吸水後又具有 Q 彈感的粉性材料加入配方製作餅乾時，配方中的粉性材料比例容易偏高，導致配方失衡，所以必須注意整體配方的粉量總合，若總合高於糖油總合的情況下，則容易會有失敗可能，而原物料替換概念則建議以 1 份雪片南瓜粉替換 1 份以上的低筋麵粉，降低配方整體粉類原料比例。建議添加量為麵團重量 5%左右。

H 日本雪片紫芋粉

日本製的雪片紫芋粉的含糖率約 38%。原料性狀與雪片南瓜粉相似，建議添加量為麵團重量 5%左右，可視餅乾顏色和味道再增減添加量。

I 天然草莓粉

天然草莓粉這類水果粉，建議添加量為麵團重量約 3%左右，因添加量較少，可直接等量替換低筋麵粉用量。草莓粉的吸水性低，所以麵團性狀會變得較軟，麵團表面也會像添加檸檬汁一樣較有水感，但烤焙後的餅乾口感會偏硬，所以不適合添加在脆硬口感的餅乾配方中，因為餅乾口感會變得更硬。若製作水果餅乾則可搭配發酵奶油、少量海藻糖、蛋白或原味優格、少量玉米粉，可以提升果汁風味及餅體顏色呈現。

J 日本黃豆粉

日本黃豆粉的脂肪含量約 23.4%，香氣濃郁，因含脂量較高，等量替換低筋麵粉用量，麵團則會變得較軟，餅乾烤焙後的擴展度會較大，但還是可以製作出餅乾。建議原物料替換概念則是 1 份日本黃豆粉可替換約 0.6 份的低筋麵粉，例如：添加 10g 日本黃豆粉，可扣除約 4g 的低筋麵粉用量。日本黃豆粉的味道較濃郁，建議從麵團重量的 5%開始添加，可視餅乾風味再增減添加量。

結論

可添加於餅乾配方的副原料風味粉種類繁多，如：天然菠菜粉、天然紅蘿蔔粉、各式天然果汁粉等，或是相同原料名稱，但原物料因製造商或產地的不同，在風味、顏色及原料特性皆會有所差異，所以無法一一示範說明，但在此分享給讀者自行做簡易吸水測試的方法，觀察吸水性和吸水後的麵糊性狀，可快速判斷原物料替換概念。

而在取得原物料時，也要養成查看成分標示和營養標示的習慣，可預測原物料加入麵團後的變化，再依製作完成的餅乾口感和風味進行配方調整，可有效減少試作次數。

堅果粉&乳酪粉的運用

添加堅果粉&乳酪粉目的

A 增加風味。

B 使餅乾口感更為酥鬆：堅果粉脂肪
含量較高，適當添加於餅乾配方中
能有效增加餅乾的酥鬆口感。

C 改變麵團軟硬度。

D 降低麵團烤焙後的擴展程度

堅果粉&乳酪粉種類

杏仁粉：脂肪含量約 51%

榛果粉：脂肪含量約 62.4%

核桃粉：脂肪含量約 65.2%

黑芝麻粉：脂肪含量約 53.8%

花生粉：脂肪含量約 47.8%

腰果粉：脂肪含量約 46%

夏威夷豆粉：脂肪含量約 75%

帕馬森乳酪粉：脂肪含量約 40%

※ 添加此類原物料，油脂含量越高，吸水性會越
低，對麵團軟硬度影響會較小，如果添加相同重
量的榛果粉和帕馬森乳酪粉，乳酪粉的麵團性狀
則會比榛果粉麵團硬。

堅果粉&乳酪粉添加，與麵粉用量的調整

　　若配方中糖油用量總合和麵粉用量相同時，可直接添加麵粉總量 20% 的堅果粉或乳酪粉，並不會使麵團的硬度產生太大的變化，且能增加酥鬆口感，但若再增加堅果粉或乳酪粉用量，麵團性狀會隨用量的增加而變硬，而堅果粉或乳酪粉用量增加至麵粉用量的 50% 時，餅乾的化口性會變差，但麵團烤焙後的形狀會較固定、不易變形。所以若堅果粉添加用量超過麵粉用量的 20% 以上，可適度調降麵粉的用量。

添加堅果粉總量 ×30% ＝低筋麵粉扣除用量。

例如：添加 100g 杏仁粉，建議可扣除 30g 的低筋麵粉用量。

以抹茶粉、紅豆粉及上新粉製作餅乾

和風抹茶紅豆餅乾

製作份量
約 7~8g × 85 片

最佳賞味
常溫 14 天

主體 配 方

\<主體配方－抹茶\>

食材	實際用量 (g)	烘焙百分比 (%)
無鹽奶油	75	115.4
糖粉	75	115.4
蛋白	30	46.2
低筋麵粉	65	100
抹茶粉	12	18.5
上新粉	60	92.3
total	317	487.8

\<主體配方－紅豆\>

食材	實際用量 (g)	烘焙百分比 (%)
無鹽奶油	75	83.3
糖粉	75	83.3
全蛋液	30	33.3
低筋麵粉	90	100
紅豆粉	50	55.6
total	320	355.5

 研發筆記

● 以蛋白和動物性鮮奶油降低餅乾顏色干擾

製作抹茶口味餅乾，在液態原料可選擇蛋白或動物性鮮奶油，因為蛋白為無色，而動物性鮮奶油為乳白色，對抹茶的顏色干擾較小，所以攪拌後的麵團顏色會比較好。

01 【抹茶主體】無鹽奶油＋糖粉，拌勻，以打蛋器稍微打發，倒入蛋白（a），打發至完全乳化，加入混合均勻的低筋麵粉＋抹茶粉＋上新粉（b），拌勻成團（c），裝入塑膠袋壓平，放進冰箱冷藏至冰硬。

02 【紅豆主體】無鹽奶油＋糖粉，拌勻，以打蛋器稍微打發，倒入全蛋液（d），打發至完全乳化，加入混合均勻的低筋麵粉＋紅豆粉（e），拌勻成團（f），裝入塑膠袋壓平，放進冰箱冷藏至冰硬。

03 取出抹茶和紅豆麵團，壓揉至軟硬度均勻（g~h），將兩麵團各自分成小麵團（i）。

04 將兩色小麵團不規則交錯排列在塑膠袋上，擀至 0.5cm 厚（j~k），放進冰箱冷藏至冰硬，取出，用竹葉模壓出成型（l），以上火 160℃／下火 160℃約烤 18 ～ 20 分鐘即可。

和風紫芋黃豆餅乾

主體 配 方

＜主體配方－紫芋＞

食材	實際用量 (g)	烘焙百分比 (%)
無鹽奶油	75	83.3
糖粉	75	83.3
動物性鮮奶油	30	33.3
低筋麵粉	90	100
上新粉	25	27.8
紫芋粉	25	27.8
total	320	355.5

＜主體配方－黃豆＞

食材	實際用量 (g)	烘焙百分比 (%)
無鹽奶油	75	78.9
糖粉	75	78.9
動物性鮮奶油	30	31.6
低筋麵粉	95	100
上新粉	25	26.3
日式黃豆粉	25	26.3
total	325	342

研發筆記

● 日製黃豆粉香氣較濃郁

市面上黃豆粉選擇眾多，品質不一，部份味道不足又帶有豆子的生臭味，而日式黃豆粉香氣會較濃郁，沒有豆子的生臭味，製作出來的餅乾效果會比較好，亦可使用黑豆粉取代，變化口味，營養健康價值也更加分。

01 【紫芋主體】無鹽奶油＋糖粉，拌勻，以打蛋器稍微打發，倒入動物性鮮奶油，打發至完全乳化（a），加入混合均勻的低筋麵粉＋紫芋粉＋上新粉（b），拌勻成團（c），裝入塑膠袋壓平，放進冰箱冷藏至冰硬。

02 【黃豆主體】無鹽奶油＋糖粉，拌勻，以打蛋器稍微打發，倒入動物性鮮奶油（d），打發至完全乳化，加入混合均勻的低筋麵粉＋上新粉＋日式黃豆粉，拌勻成團（e~f），裝入塑膠袋壓平，放進冰箱冷藏至冰硬。

03 取出紫芋和黃豆麵團，壓揉至軟硬度均勻（g），將兩麵團各自擀至 0.3cm 厚（h），將紫芋麵皮疊在黃豆麵皮上（i）。

04 再將麵皮擀至 0.5cm 厚（j），放進冰箱冷藏至冰硬，取出，用銀杏模壓出成型（k~l），以上火 160℃／下火 160℃烤 18 ～ 20 分鐘即可。

和風紅蘿蔔菠菜餅乾 ▶ P.176

以天然蔬菜粉和玉米粉製作餅乾

咖哩米香餅乾 ▶ P.178
以裸麥粉和風味粉取代低筋麵粉

和風紅蘿蔔菠菜餅乾

製作份量
約 7~8g×85 片

最佳賞味
常溫 14 天

/ 主體 配 方 /

＜主體配方－菠菜＞

食材	實際用量 (g)	烘焙百分比 (%)
有鹽奶油	75	78.9
糖粉	75	78.9
動物性鮮奶油	30	31.6
低筋麵粉	95	100.0
玉米粉	30	31.6
菠菜粉	20	21.1
total	325	342.1

＜主體配方－紅蘿蔔＞

食材	實際用量 (g)	烘焙百分比 (%)
有鹽奶油	75	78.9
糖粉	75	78.9
動物性鮮奶油	30	31.6
低筋麵粉	95	100.0
玉米粉	30	31.6
紅蘿蔔粉	20	21.1
total	325	342.1

 研發筆記

● 烘焙有色麵團不宜烤焙上色

若餅乾麵團是有顏色的，烤焙時要盡量維持麵團原來的色澤，如果烤焙上色過度，會降低餅乾的商品價值。

01 【菠菜主體】有鹽奶油＋糖粉，拌勻，以打蛋器稍微打發，倒入動物性鮮奶油（a），打發至完全乳化，加入混合均勻的低筋麵粉＋菠菜粉＋玉米粉（b），拌勻成團（c），裝入塑膠袋壓平，放進冰箱冷藏至冰硬。

02 【紅蘿蔔主體】有鹽奶油＋糖粉，拌勻，以打蛋器稍微打發，倒入動物性鮮奶油（d），打發至完全乳化（d），加入混合均勻的低筋麵粉＋玉米粉＋紅蘿蔔粉（e），拌勻成團（f），裝入塑膠袋壓平，放進冰箱冷藏至冰硬。

03 取出菠菜和紅蘿蔔麵團，壓揉至軟硬度均勻（g~h），將兩麵團各自分成小麵團（i）。

04 將兩色小麵團不規則交錯排列在塑膠袋上，擀至 0.5cm 厚（j），放進冰箱冷藏至冰硬，取出，用楓葉模壓出成型（k~l），以上火 160℃／下火 160℃約烤 18 ～ 20 分鐘即可。

 # 咖哩米香餅乾

製作份量
約 15g×23 片

最佳賞味
常溫 14 天

/ 主體 配 方 /

食材	實際用量 (g)	烘焙百分比 (%)
有鹽奶油	80	88.9
細砂糖	80	88.9
全蛋液	28	31.1
裸麥粉	90	100
咖哩粉	5	5.6
杏仁粉	15	16.7
七味粉	3	3.3
熟黑芝麻	10	11.1
米香	45	50
total	356	395.6

研發筆記

● **裸麥粉與低筋麵粉差異**

示範配方中使用的裸麥粉灰份為 0.95％、蛋白質含量為 6.5％，雖然蛋白質含量接近低筋麵粉，但在粉類實驗室中可得知，使用裸麥粉製作出的麵團會比高筋麵粉來的乾硬，烤焙完的製品擴展度會較差、紋路維持較明顯，所以如果將裸麥粉替換成低筋麵粉，麵粉量必須要增加，如此麵團性狀和烤焙後的狀態才會接近一致。

● **黑芝麻前處理**

炒過的芝麻會比較香，使用前先用鍋子乾炒，以中小火翻炒到有芝麻香氣後倒出，冷卻備用即可。

01 有鹽奶油＋細砂糖（a），拌勻，以打蛋器稍微打發（b），倒入全蛋液（c）。

02 打發至完全乳化（d），加入混合均勻的裸麥粉＋咖哩粉＋杏仁粉＋七味粉（e），稍微拌一下，再加入米香＋熟黑芝麻（f），拌勻成團。

03 以直徑 3.5cm 的冰淇淋挖杓器挖取麵團（g），倒扣至烤盤上（h），壓平（i），以上火 160℃／下火 150℃烤 20 ～ 22 分鐘即可。

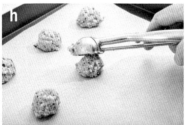

以全麥粉取代低筋麵粉

林茲塔 ▶ P.184

以堅果粉搭配低筋麵粉

蘋果楓糖餅乾

製作份量
約 15g×25 片

最佳賞味
常溫 14 天

主體 配 方

食材	實際用量 (g)	烘焙百分比 (%)
無鹽奶油	80	114
楓糖粉	100	143
全蛋液	45	64
全麥麵粉	70	100
燕麥片	25	36
杏仁粉	25	36
酒漬蘋果乾	50	71
total	395	564

其他材料

燕麥片適量

研發筆記

● 全麥麵粉與低筋麵粉的替換

全麥麵粉與低筋麵粉由粉類實驗室中能得知，全麥麵粉的吸水量會比低筋麵粉明顯高出許多，除了麵團性狀較硬，烤焙後擴展度也較差，所以若要以全麥麵粉取代低筋麵粉，用量部分必須減少，才能得到較一致的擴展度。以此配方為例，若要將 70g 的全麥麵粉改為低筋麵粉，低筋麵粉用量可增加至 85g，兩配方烤出的餅乾擴展度才會相當。

● 自製酒漬蘋果乾

酒漬蘋果乾可用葡萄乾加白蘭地以 9：1 比例混合取代使用，亦可使用蔓越莓乾，但蔓越莓乾不需加酒漬泡，因為蔓越莓乾烤焙後較不易焦化。

材料

A

新鮮蘋果丁 200g

B 焦糖糖水

細砂糖 110 g、水 20 g、

沸水 220 g

C

白蘭地適量

作法

① 細砂糖＋水，煮至微焦黃色，倒入沸水煮滾，熄火，靜置冷卻，放入新鮮蘋果丁浸泡一天，瀝乾，排入食物乾燥機，以 57℃烘乾，取出冷卻備用。

② 將糖漬乾燥蘋果丁以蘋果 9：白蘭地 1 的比例，混合泡漬即可。

※ 新鮮蘋果丁經糖漬烘乾，口感會變 Q 軟，放入麵團烤焙較不易變硬，若直接食用蘋果脆片則不需糖漬。

01　無鹽奶油＋楓糖粉，拌勻（a），以打蛋器稍微打發，分兩次加入全蛋液（b），打發至完全
　　乳化（c）。

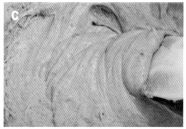

02　加入混合均勻的全麥麵粉＋燕麥片＋杏仁粉（d），稍微拌一下，加入酒漬蘋果乾（e），拌
　　勻成團（f）。

03　以直徑 3.5cm 的冰淇淋挖杓器挖取麵團，倒扣入燕麥片中（g），裹上燕麥片（h），壓平（i），
　　以上火 160℃／下火 150℃烤 28 ～ 30 分鐘即可。

林茲塔

主體 配 方

食材	實際用量 (g)	烘焙百分比 (%)
無鹽奶油	86	95.6
糖粉	65	72.2
全蛋液	11	12.2
低筋麵粉	90	100
杏仁粉	32	35.6
榛果粉	32	35.6
total	316	351.2

其他材料
紅櫻桃果醬100g

研發筆記

● 果醬的選擇與用量
果醬可選擇成份較天然,且略帶細顆粒感的果醬,酸味較重的果醬則可讓整體餅乾更清爽。若喜歡整體口感偏軟,像蛋糕的口感,果醬的用量可略微增加至 120g,若將果醬降至80g,整體口感則會較酥硬,讀者可依喜好再作增減。

● 二次烤焙可讓餅體著色更均勻
林茲塔若直接整模烤到熟,周圍餅體上色會比較深,也會比較乾,中間餅體顏色則會較淺,水分也會較高。將餅體取出切塊,再放進烤箱二次烤焙,可以讓每一塊餅體著色更均勻,色澤和口感也較一致。

01 無鹽奶油＋糖粉，拌勻・以打蛋器稍微打發，倒入全蛋液（a），打發至完全乳化，加入混合均勻的低筋麵粉＋杏仁粉＋榛果粉（b），拌勻（c）。

02 取 15.5×15.5cm 正方形烤模，鋪上烤焙紙，均勻擠入 200g 的麵糊（d），抹平（e~f）。

03 將 100g 紅櫻桃果醬平均抹在麵糊上（g~h），剩餘麵糊裝入直徑 0.5cm 的 7 齒菊花嘴擠花袋中，在表面擠上網狀線條（i）。

04 以上火 180℃／下火 190℃烤約 35 分鐘，出爐（j），靜置冷卻，切成 2.5cm×5cm 的塊狀（k），共可切 15 塊，再次入爐（l），以上火 160℃／下火 160℃烤 15 ～ 18 分鐘即可。

焦糖系實驗室

焦糖類製品常會出現在餅乾製作組合中，以砂糖為主原料，加入麥芽糖漿（蜂蜜）、奶油及鮮奶油，加熱煮製成糖漿，再加入堅果粒（片）或低筋麵粉，經過二次烤焙，可製作出具有焦糖（乳）香味、口感帶脆硬的堅果糖製品，最常應用於經典弗羅倫汀、焦糖最中餅乾、餅乾 BAR 及焦糖堅果塔等製品。

添加糖漿目的　餅乾製作中搭配焦糖堅果所製作之焦糖配方中會加入糖漿，具有延緩結晶固化及抗結晶的效果，也防止產品於保存過程反砂再結晶，使產品產生質變降低品質。

常見添加糖漿種類

A 透明麥芽〈水飴〉

透明麥芽是以澱粉為原料，經過酸或酵素水解進行糖化所製作出之澱粉糖漿。澱粉糖化程度越大，糖漿中還原糖含量則越高，糖漿的 DE 值就越高，吸濕程度也會越強。而搭配餅乾的焦糖堅果製品，經過二次烤焙後水分極低，呈現的是較脆硬之口感，所以煮製這類焦糖製品，不須選擇吸濕度較高的澱粉糖漿添加，建議選擇 DE 值 40 左右之澱粉糖漿使用，一般市售透明麥芽的 DE 值約 40 左右。

B 蜂蜜

蜂蜜主要是由葡萄糖和果糖所組成，轉化還原糖含量高，吸濕性高，若添加蜂蜜煮製糖漿，焦糖製品的表面容易吸濕反潮、發黏，影響品質，所以不太適合使用蜂蜜當作煮糖時的糖漿原料。但在弗羅倫汀餅乾的表面杏仁焦糖配方中，為何會添加透明麥芽＋蜂蜜一起煮製焦糖糖漿呢？通常，製作弗羅倫汀或焦糖堅果塔的糖漿終點溫度大約在 112℃～ 115℃左右，再拌入預熱的堅果杏仁片，而隨著終點溫度越高，糖漿黏稠度會越大，結晶固化時間也會縮短，所以要將焦糖杏仁平均鋪平在餅皮上的作業時間會大幅縮短，可能還沒作業完成，焦糖就已經變硬，進而增加作業困難度，所以在這類焦糖配方中，可添加轉化還原糖含量較高的蜂蜜，可延緩焦糖糖漿結晶生成速度，有效延長作業時間。此外，糖漿隨著轉化還原糖成分越高，糖漿的黏度則會較低，如：蜂蜜、果糖或轉化糖漿，可直接倒出使用（黏度較低），所以添加於焦糖糖漿配方中，也可降低焦糖糖漿的黏稠度，更容易將焦糖杏仁平均鋪平在餅皮上。所以，不添加蜂蜜，作業性會較差，但添加量過高，表面焦糖容易吸濕反潮、發黏，包入包裝袋，表面反潮的發黏部分就會沾黏、弄髒包裝袋，影響產品和包裝品質。若只加入透明麥芽不加蜂蜜也可以，但要降低終點溫度，以利作業性。

一般烘焙材料行最常看到的糖漿類製品有：透明麥芽、葡萄糖漿、玉米糖漿、精緻麥芽糖、傳統麥芽糖、

海樂糖、轉化糖漿及蜂蜜等產品，除了蜂蜜和轉化糖漿的轉化還原糖成分較高、吸濕性高、易著色及黏度低，是廣泛被熟悉的原料特性外，在挑選其它以澱粉為原料所製作的糖漿類製品，可能對其原料特性會比較沒有概念，甚至包裝不會標示 DE 值，無法判斷糖漿成份中轉化還原糖的含比，所以可從糖漿包裝特性介紹來判斷：

[DE 值較高〈轉化還原糖含量較高〉的糖漿特性]
甜度較高、吸濕度高、保濕性好、烤焙著色性佳，糖漿黏度較不黏稠。

[DE 值較低〈轉化還原糖含量較低〉的糖漿特性] 甜度較低、低吸濕性、易乾燥性、加熱後不易褐變著色，糖漿黏度可能較黏稠（糖漿水分含量不同或澱粉糖化技術也會影響黏稠度）。

※ 本書中所有餅乾搭配焦糖堅果製品的焦糖配方，不論使用上述任何糖漿都是可製作出成品，只是在作業性和產品品質上會有差異性。

設定細砂糖為 100，加入不同糖漿和不同用量的影響：

配方組別 原料份量	配方A	配方B	配方C	配方D
細砂糖	100g	100g	100g	100g
透明麥芽		20g	80g	
蜂蜜				80g
水	30g	30g	30g	30g
糖漿終點溫度	175℃	175℃	175℃	175℃
成品照				

※ 單用細砂糖和透明麥芽煮製糖漿，鍋底和鍋邊周圍很容易會焦黑，所以可額外添加細砂糖用量 30%的水量一起煮製，避免部份糖漿先發生焦化情形。

實驗結果說明

[口感硬度比較] 配方 D ＞配方 A ＞配方 B ＞配方 C
[吸濕度比較] 配方 D ＞配方 A ＞配方 B ＞配方 C
[煮至終點溫度 175℃的糖色深度]
配方 D ＞配方 A ＞配方 B ＞配方 C

　　在煮至終點溫度 175℃的相同條件下，添加糖漿的轉化還原糖含量越高，糖塊的口感會越硬，所以焦糖配方中，蜂蜜添加量越高，焦糖製品口感會變較硬，吸濕性大，口感也較黏牙。而添加透明麥芽，糖塊的口感硬度會較小，糖塊的吸濕性也會較小，隨著透明麥芽用量的增加，口感硬度會越小，糖塊的吸濕性也會越低。所以若要調整焦糖脆硬度，可調整添加糖漿的種類及添加比例，就能稍微改變焦糖之脆硬度。

單純使用細砂糖與透明麥芽所製作出的糖塊口感太硬，無特殊風味，若加入動物性鮮奶油和奶油，則可煮製出牛奶糖風味，降低口感硬度、增加脆度。

細砂糖和透明麥芽量固定，變動動物性鮮奶油與奶油之口感硬度影響：

配方組別 原料份量	配方E	配方F	配方G
細砂糖	100g	100g	100g
透明麥芽	100g	100g	100g
動物性鮮奶油	120g	120g	50g
有鹽奶油	15g	75g	15g
糖漿終點溫度	143℃	143℃	143℃
成品照			

**實驗結果
說明**

［口感硬度比較］配方 G ＞配方 E ＞配方 F

※ 配方 E 及配方 G 奶油用量較低，口感會較硬外，也較有黏牙感。配方 F 口感硬度較低，較脆。

　　焦糖配方中添加動物性鮮奶油，除了增添濃郁乳脂焦香風味外，也具有較高的乳化能力，即使配方添加較高量的有鹽奶油，也不會有油脂分離的情形，如配方 F，若不添加動物性鮮奶油 120g，要煮至相同終點溫度 143℃，則會有油脂分離現象。由配方 E 和配方 G 可比較出，當配方 G 的動物性鮮奶油用量減少，乳化效果能力會較配方 E 差，所製作出的焦糖口感會較硬，黏牙性會較大，而隨著動物性鮮奶油和有鹽奶油增加，焦糖口感硬度則會下降，口感則會偏鬆脆。

細砂糖、動物性鮮奶油及有鹽奶油固定，
變動透明麥芽的口感硬度影響：

配方組別 原料份量	配方H	配方I
細砂糖	100g	100g
透明麥芽	100g	30g
動物性鮮奶油	50g	50g
有鹽奶油	15g	15g
糖漿終點溫度	143℃	143℃
成品照		

※ 這組配方對照實驗組結果再次驗證－透明麥芽添加量增加，口感硬度則會下降。

**實驗結果
說明**

［口感硬度比較］配方I＞配方H

※ 這組配方對照實驗組結果，再次驗證透明麥芽添加量增加，口感硬度則會下降。

　　焦糖配方中各項原料添加比例的不同，所影響的口感差異，可透過以上簡易實驗配方對照下，對影響變因有概念方向。而以下也為讀者整理出不同的比例配方，由最簡單的配方1硬糖片，只使用細砂糖＋麥芽糖漿製作，進而延伸到加入有鹽奶油→鮮奶油→低筋麵粉，藉由原料延伸與不同配方組合，讓讀者快速了解配方變化規則和其應用性，並希望讀者在製作焦糖類餅乾製品時，能有能力依照個人口感喜好與作業條件，獨立進行焦糖配方調整。

焦糖系餅乾配方結構整理

硬糖、焦糖系 ◄　　　　　　　　　　　　　　　　　► 牛奶糖系

	配方1 硬糖片	配方2 杏仁糖片	配方3 燕麥糖片	配方4 餅乾BAR	配方5 堅果乳加	配方6 堅果乳加	配方7 杏仁乳加
建議應用品項	堅果硬糖片	焦糖杏仁最中、弗羅倫汀	燕麥弗羅倫汀	燕麥穀物棒	花型焦糖杏仁杏仁弗羅倫汀	弗羅倫汀	堅果塔弗羅倫汀
糖漿終點溫度		❶煮融沸騰 ❷煮至118℃	❶糖油拌合 ❷砂糖煮融	砂糖煮融沸騰	砂糖煮融沸騰	砂糖煮融沸騰	煮至112～115℃
細砂糖	100	100	100	100	100	100	100
透明麥芽	20＋	80±	55±	40±	80−	100±	100±
蜂蜜		0＋	0＋	0＋	0＋	0＋	0＋
動物性鮮奶油					20−	50±	100±
有鹽奶油		75±	55±	125±	60±	100±	15±
低筋麵粉			50±	125±			
杏仁角	100				110		
燕麥片			70	200			
杏仁片		150				190	
杏仁條							250

※ 透明麥芽與蜂蜜用量可等比例替換。　※ 堅果種類和添加量可自行更換調整。

配方1　硬糖片

單純使用細砂糖和透明麥芽所製作出的糖塊硬度會較高，所以可搭配大量堅果類原料平衡口感，如杏仁酥糖製作，只需利用細砂糖和透明麥芽即可製作（也可加入少量奶油），而為了控制糖漿煮製完成結晶速度，所以可增加透明麥芽用量，隨著透明麥芽增加，糖漿結晶固化速度則會較慢，以利拌漿、成型及分切作業。也可將杏仁片改為早餐穀物片、熟五穀雜糧、玉米片、果乾類等，讓產品口味、外觀及營養性更多元。再次提醒，單純使用細砂糖和透明麥芽煮糖時，鍋邊容易燒焦，可額外加入砂糖用量 30%的水量。

配方2　杏仁糖片

比配方 1 多加了有鹽奶油，可有效降低糖塊的硬度並增加乳脂香氣，但因配方中油脂含量較高，若煮糖終點溫度太高，會有油水分離之情形。建議全部材料一起煮至118℃，再拌入堅果類原料，冷卻塑型切片，可運用於焦糖堅果最中餅乾中。而配方中使用部分蜂蜜取代透明麥芽，增加烤焙著色度及蜂蜜香氣。此配方組合因無添加動物性鮮奶油，水分含量較低，可直接將細砂糖與透明麥芽拌勻，加入有鹽奶油拌勻，再拌入堅果類原料即可運用於弗羅倫汀製作，可參考《餅乾研究室 I》書中 P.69 可可南瓜子弗羅倫汀（無添加鮮奶油配方）。

配方3　燕麥糖片

此配方比配方 2 增加了低筋麵粉，加入低筋麵粉的焦糖配方不須熬煮糖漿。製作方法可先將細砂糖和透明麥芽拌勻，再加入有鹽奶油拌勻後，將混合均勻的低筋麵粉與堅果類原料

加入拌勻即可使用。另一製法可將細砂糖、透明麥芽及有鹽奶油加熱至細砂糖融化，再將混合均勻的低筋麵粉和堅果類原料加入拌勻，經過加熱步驟，烤出來的焦糖片表面會較有光澤度。而在弗羅倫汀焦糖配方中，也會加入少量低筋麵粉，製作出的焦糖製品吸濕度會較小，但隨著低筋麵粉添加量增加，焦糖的光澤度也會越低。本配方應用於本書食譜示範的 P.206 燕麥弗羅倫汀製作。

配方4 餅乾 BAR

此配方與配方 3 比較，低筋麵粉用量會較高，製作方法為先將細砂糖、透明麥芽及有鹽奶油加熱至細砂糖融化，再將混合均勻的低筋麵粉及堅果類原料加入拌勻，裝模烤焙、分切、二次烤焙成酥硬製品。製作出的製品表面光澤度會較差，較不適合運用於弗羅倫汀製作，可運用於製作燕麥穀物棒。此配方與配方 1 所製作出的杏仁酥糖製品屬性較相近，若混入相同堅果原料，可製作出幾乎相同的產品外觀，但配方 1 的製品較偏向糖果類，而配方 4 的製品較偏向餅乾類。此配方應用於本書示範的 P.193 燕麥穀物棒。

★添加動物性鮮奶油

添加動物性鮮奶油的配方，其牛奶糖風味會較濃郁，但因水分較高，所以通常加入動物性鮮奶油的配方，糖漿都需要濃縮熬煮至一定終點溫度，以降低製品水分，若焦糖糖漿水分過高，則會增加烤焙時間，焦糖在烤焙過程中也會較為劇烈沸騰，造成焦糖溢出所設定的範圍。所以添加不同比例的動物性鮮奶油，在終點溫度設定及應用方式也會有些許不同。

以下的配方 5 ～配方 7，則為添加動物性鮮奶油的詳細說明。

配方5 堅果乳加
（動物性鮮奶油添加量為細砂糖之 20%）

動物性鮮奶油添加量較少，可直接將堅果以外的原料拌勻，煮至砂糖融解沸騰狀態，

再拌入堅果類原料即可，而糖漿冷卻後長時間放置還是具有可塑性，所以方便分成小糖團，可應用於本書食譜示範的花型焦糖杏仁餅乾中，而這類焦糖配方中，必須控制其水分不宜過高，所以動物性鮮奶油用量會較低，透明麥芽也含有水分，配方中用量 80g 也不宜再增加，若水分過高，糖漿在烤焙過程會沸騰，糖漿容易溢出而影響餅乾品質。所以若要增加動物性鮮奶油及透明麥芽用量，則必須提高終點溫度，降低糖漿水分含量，同時也必須考慮糖團軟硬度和作業性。

配方6 堅果乳加
（動物性鮮奶油添加量為細砂糖之 50%）

此配方的動物性鮮奶油添加量為砂糖的一半，可直接將堅果以外的原料拌勻，煮至砂糖融解沸騰狀態，再拌入堅果類原料即可，煮製完成的焦糖堅果狀態會較軟，平均鋪平於餅體上的作業會較容易，所以此配方可完全使用透明麥芽煮製焦糖糖漿，不需加入蜂蜜等含轉化還原糖成分較高的抗結晶糖漿來延緩結晶速度，這樣的製品吸濕度也會較低。

配方7 堅果乳加
（動物性鮮奶油添加量與細砂糖添加量相同）

配方中動物性鮮奶油添加量較高，所以終點溫度設定會較高，若製作堅果塔，終點溫度可煮至 114℃ ～ 115℃，若製作弗羅倫汀，建議終點溫度可煮至 112℃，若終點溫度太高，焦糖堅果會較硬不好鋪平，變硬速度也會較快、不好作業。配方中也建議添加蜂蜜，延緩結晶固化速度，但製作完成的製品吸濕度會較高，裝入包裝袋後會有沾黏的情形，建議可在配方中加入少量低筋麵粉（可與堅果類原料混合均勻時加入），或加入焦糖配方總量（不包含堅果量）約 0.2% 的吉利丁片，在到達終點溫度後，加入泡水軟化後擠乾的吉利丁，拌勻後再加入堅果類拌勻，就能改善產品表面潮解而沾袋的情況。此配方應用於本書示範的 P.210 焦糖杏仁條塔。

燕麥穀物棒

/ 主體 配 方 /

食材	實際用量 (g)	烘焙百分比 (%)
細砂糖	50	80.6
蜂蜜	20	32.3
無鹽奶油	62	100
低筋麵粉	62	100
早餐綜合穀物片	70	112.9
燕麥片	50	80.6
黑芝麻	10	16.1
total	324	522.5

研|發
筆|記

● 早餐穀物片去除水果乾

早餐綜合穀物片中如果摻雜水果乾類，可先將其挑除，因為有些果乾經長時間烘烤容易有焦化的情形，會影響成品口感。

● 穀物吸水量差異注意

添加到配方的堅果穀物必須注意其吸水量，配方中的早餐綜合穀物片的吸水量會比燕麥片差，所以如果配方中全部以早餐綜合穀物片取代燕麥片用量，拌合的麵糊則會過濕，糖漿容易沉入模底，成品也會有出油的現象，所以在穀物替換上必須注意。

01 取 15.5×15.5cm 深烤盤，鋪一張寬度與烤模相同的白報紙（a），換方向再鋪一張白報紙（b）。

02 細砂糖＋蜂蜜＋無鹽奶油，放入鍋中（c），加熱攪拌煮至沸騰（d~e），離火，再攪拌至砂糖融解。

03 低筋麵粉＋早餐綜合穀物片＋燕麥片＋黑芝麻，充分混合均勻（f），倒入糖鍋中（g），攪拌至糖漿呈明顯固化的狀態（h）。

04 把麵團填入深烤盤，鋪開抹平（i），入爐，以上火 170℃／下火 170℃烤約 25 分鐘，出爐，
冷卻至微溫狀態後脫模（j）。

05 分切為長 7.5cm×寬 2.5cm 的長條狀（k），排入烤盤（l），入爐，以上火 150℃／下火
150℃再烤約 20 分鐘即可。

花形焦糖杏仁 ▶ P.198

煮融拌勻的簡易焦糖杏仁餡

伯爵焦糖芝麻 ▶ P.200

煮融拌勻的簡易焦糖芝麻餡

 # 花形焦糖杏仁

製作份量
約 10~11g × 45 片

最佳賞味
常溫 14 天

主體配方

食材	實際用量 (g)	烘焙百分比 (%)
有鹽奶油	130	61.9
糖粉	80	38.1
動物性鮮奶油	30	14.3
濃縮咖啡醬	5	2.4
低筋麵粉	210	100.0
total	455	216.7

＜焦糖杏仁餡＞

食材	實際用量 (g)
細砂糖	45
透明麥芽糖	22.5
蜂蜜	7.5
動物性鮮奶油	7.5
有鹽奶油	15
杏仁角	33
total	130.5

● **咖啡醬可用即溶咖啡粉取代**

配方中的濃縮咖啡醬可用即溶咖啡粉取代，將即溶咖啡粉和水先以 5：4 的比例調勻後，
等比例取代配方中的濃縮咖啡醬即可。

/ 作 法 /

01 【焦糖杏仁餡】細砂糖＋透明麥芽糖＋蜂蜜＋動物性鮮奶油＋有鹽奶油（a），煮至細砂糖
融化，加入杏仁角（b），拌勻（c），冷卻備用。

02 【餅乾主體】有鹽奶油＋糖粉，拌勻，以打蛋器稍微打發，倒入動物性鮮奶油和濃縮咖啡醬
（d），打發至完全乳化，加入低筋麵粉（e），拌勻成團（f），裝入塑膠袋中壓平，放進
冰箱冷藏至冰硬。

03 取出，揉壓至麵團軟硬度均勻，擀至 0.4cm 厚（g），表面刷上薄薄的高筋麵粉，再以條紋
擀麵棍擀出條紋狀（h~i），再放進冰箱冷藏至冰硬。

04 取出，以直徑 5cm 的菊花模押出成型（j），再以直徑 2cm 的模型將中間挖空（k），排上烤盤，
填入焦糖杏仁餡（l），以上火 150℃／下火 150℃烤 18 ～ 20 分鐘即可。

伯爵焦糖芝麻

製作份量
約 10~11g×45 片

最佳賞味
常溫 14 天

主體配方

食材	實際用量 (g)	烘焙百分比 (%)
有鹽奶油	130	61.9
糖粉	80	38.1
蛋白	30	14.3
低筋麵粉	210	100
伯爵茶角	3	1.4
伯爵茶粉	1	0.5
total	454	216.2

＜焦糖芝麻餡＞

食材	實際用量 (g)
細砂糖	83
透明麥芽糖	41
蜂蜜	14
動物性鮮奶油	14
有鹽奶油	27
熟黑、白芝麻	60
total	239

研發筆記

● 裝飾性填餡不需拉高終點溫度

配方中的焦糖芝麻餡是裝飾性填餡，用量約為 2g，因份量較少，所以在烤焙過程中很容易就會烤到硬脆狀態，因此製作此類焦糖餡時，只需將細砂糖煮融化，不需要特別將終點溫度拉高。

01 【焦糖芝麻餡】熟黑白芝麻以乾鍋炒出香氣，取出冷卻；細砂糖＋透明麥芽糖＋蜂蜜＋動物性鮮奶油＋有鹽奶油（a），煮至細砂糖融化，加入熟黑、白芝麻（b），拌勻（c），冷卻備用。

02 【餅乾主體】有鹽奶油＋糖粉，拌勻，以打蛋器稍微打發，倒入蛋白，打發至完全乳化（d），加入混合均勻的低筋麵粉＋伯爵茶角＋伯爵茶粉（e），拌勻成團（f），裝入塑膠袋中壓平，放進冰箱冷藏至冰硬。

03 取出（g），揉壓至麵團軟硬度均勻（h），擀至 0.4cm 厚（i），再放進冰箱冷藏至冰硬。

04 取出，以長 8cm、寬 5.3cm 的葉子模押出成型（j），再以直徑 2cm 的模型挖出兩個中空圓形（k），排上烤盤，填入焦糖芝麻餡（l），以上火 150℃／下火 150℃烤 18～20 分鐘即可。

杏仁弗羅倫汀 ▶ P.204

在糖漿中加入粉類的不敗配方

202

杏仁弗羅倫汀

主體 配 方

食材	實際用量 (g)	烘焙百分比 (%)
有鹽奶油	80	72.7
細砂糖	42	38.2
全蛋液	26	23.6
低筋麵粉	110	100.0
杏仁粉	18	16.4
total	276	250.9

＜杏仁糖餡＞

食材	實際用量 (g)
有鹽奶油	10
細砂糖	50
透明麥芽	15
蜂蜜	15
動物性鮮奶油	60
低筋麵粉	15
杏仁片	90
開心果碎	4
total	259

研發筆記

● **成功率高的堅果焦糖餡製法**

杏仁弗羅倫汀上層的杏仁焦糖餡通常都需要煮糖，並煮至設定的終點溫度，對於少量製作或沒有銅鍋和溫度計的製作者都會是一項不便與限制。所以本配方有別於一般焦糖餡作法，在配方中增加低筋麵粉，只需將粉類和堅果類以外的原料煮至砂糖融化，再加入堅果、粉類拌勻即可。

此作法便利、穩定、成功率又高，而且製品在味道和外觀狀態也分不出差別，如果製作弗羅倫汀有過失敗經驗，或覺得有難度，建議以此示範配方試作看看，很容易就會成功。

01 【餅乾主體】有鹽奶油＋細砂糖，拌勻，以打蛋器稍微打發，倒入全蛋液，打發至完全乳化（a），加入混合均勻的低筋麵粉＋杏仁粉（b），拌勻成團（c），裝入塑膠袋壓平，放進冰箱冷藏至冰硬。

02 取出，壓揉至軟硬度均勻（d），擀至 0.4cm 厚（e），放進冰箱冷藏至冰硬，取出，以直徑 5cm 的圓模壓出成型（f），連同烤模一起進爐，以上火 180℃／下火 130℃烤 22 ～ 25 分鐘，出爐冷卻備用。

03 【杏仁糖餡】有鹽奶油＋細砂糖＋透明麥芽＋蜂蜜＋動物性鮮奶油，以中火加熱煮至細砂糖融化（g），加入混合均勻的杏仁片＋開心果碎＋低筋麵粉（h），拌勻（i）。

04 將杏仁糖餡填入冷卻的餅乾表面（j），用鐵叉均勻攤平（k），再次入爐（l），以上火 180℃／下火 130℃烤 22 ～ 24 分鐘，出爐脫模，冷卻即可。

燕麥弗羅倫汀

製作份量
約 15~17g×28 片

最佳賞味
常溫 14 天

主體配方

食材	實際用量 (g)	烘焙百分比 (%)
有鹽奶油	80	72.7
細砂糖	42	38.2
全蛋液	26	23.6
低筋麵粉	110	100.0
杏仁粉	18	16.4
total	276	250.9

＜燕麥糖餡＞

食材	實際用量 (g)
有鹽奶油	38
細砂糖	72
透明麥芽	20
蜂蜜	20
低筋麵粉	38
燕麥片	52
total	240

研發筆記

● **不用加熱煮過的燕麥糖餡**

燕麥弗羅倫汀的燕麥糖餡也是提供一種作法簡單便利、成功率高的懶人作法，只需攪拌，不需經過加熱，便可將糖餡製作出來，但透明麥芽較稠硬，須先與蜂蜜混和降低稠硬度，加入奶油糖糊中會較快讓麵糊完全融合。

亦可將奶油、細砂糖、透明麥芽及蜂蜜採加熱方式直到細砂糖融化，再加入低筋麵粉與燕麥片，如此製作的糖餡在烤焙完成後，表面也比較會有光澤度，會比直接攪拌之方式效果更好。

01 【餅乾主體】有鹽奶油＋細砂糖，拌勻，以打蛋器稍微打發，倒入全蛋液（a），打發至完全乳化，加入混合均勻的低筋麵粉＋杏仁粉（b），拌勻成團，裝入塑膠袋壓平（c），放進冰箱冷藏至冰硬。

02 取出，壓揉至軟硬度均勻（d），擀至 0.4cm 厚（e），放進冰箱冷藏至冰硬，取出，以直徑 5cm 的方模壓出成型（f），連同烤模一起進爐，以上火 180℃／下火 130℃烤 22～25 分鐘，出爐冷卻備用。

03 【燕麥糖餡】有鹽奶油＋細砂糖，稍微打發，加入混合均勻的透明麥芽＋蜂蜜（g），拌勻，攪拌至成為質地均勻的奶油糊，加入混合均勻的燕麥片＋低筋麵粉（h），拌勻（i）。

04 將燕麥糖餡填入冷卻的餅乾表面（j），用鐵叉均勻攤平，再次入爐（k），以上火 180℃／下火 130℃烤 18～20 分鐘，出爐脫模，冷卻即可。

焦糖杏仁條塔 ▶ P.209

牛奶糖煮法的焦糖奶味糖漿

焦糖杏仁條塔

製作份量
約 16~17g×24 個

最佳賞味
常溫 14 天

主體配方

食材	實際用量 (g)	烘焙百分比 (%)
有鹽奶油	56	59.3
糖粉	36	38.5
全蛋液	20	20.7
低筋麵粉	95	100
杏仁粉	12	13.3
total	219	231.8

＜焦糖杏仁條＞

食材	實際用量 (g)
細砂糖	50
水	10
透明麥芽	50
動物性鮮奶油	50
有鹽奶油	7.5
杏仁條	125
total	292.5

研發筆記

● 杏仁粉降低麵團筋度

塔皮配方中添加杏仁粉，因為堅果粉含有油脂，可降低麵團筋度，防止塔皮烤焙後收縮的情況產生。

● 需大量分餡作業時的焦糖煮製

糖漿比例高，二次烤焙的時間長；糖漿比例低，二次烤焙的時間短。製作焦糖杏仁條塔時，焦糖糖漿終點溫度不可以煮得太高，若太高，糖漿固化速度會太快，有可能分餡作業未完成，糖漿就已變硬而無法作業，弗羅倫汀和堅果塔製作都要注意這個原則。

01 【餅乾主體】有鹽奶油＋糖粉，拌勻（a），以打蛋器稍微打發，倒入全蛋液（b），打發至完全乳化（c）。

02 加入混合均勻的低筋麵粉＋杏仁粉（d），拌勻成團（e），裝入塑膠袋壓平（f），放進冰箱冷藏至冰硬。

03 取出，壓揉至軟硬度均勻（g），擀至 0.4cm 厚（h），再放進冰箱冷藏至冰硬，取出，以直徑 4cm 的圓模壓出成型（i）。

04 將圓麵皮放在直徑 4.5cm 的塔杯上，表面刷上些許高筋麵粉防黏（j），將塔皮均勻壓入塔模（k），用叉子在塔皮底部戳洞（l）。

05 以刮刀削去多餘的塔皮（m），鋪上鋁箔紙（n），放上重石（o），以上火 170℃／下火 170℃烤 22 ～ 25 分鐘。

06 出爐（p），拉起鋁箔紙、取出重石（q），脫模取出塔杯（r），冷卻備用。

07 【焦糖杏仁餡】細砂糖＋水，煮至呈淡金黃褐色（s），緩緩倒入已混合加熱至 80℃的動物性鮮奶油＋透明麥芽（t），繼續煮至 114℃（u），加入有鹽奶油。

08 繼續煮至 114℃，加入以烤箱預熱的熟杏仁條（v），拌勻（w），趁熱填入已冷卻的塔杯中（x），放入烤箱，以上火 150℃／下火 150℃烤約 12 分鐘即可。

Lesson 7

蛋白糖系實驗室

蛋白糖系餅乾製品是以細砂糖為主，加入液態、粉類、奶油並搭配五穀堅果粒（粉），配方材料組合與奶油西餅配方材料結構相同，但這類配方之奶油及低筋麵粉用量會較低，製作出之製品表面會較有光澤度，口感會較硬脆，可運用於組合式餅乾製作，也可單獨製作瓦片及薄餅。

配方組別 原料份量	配方A	配方B
細砂糖	100g	100g
蛋白	75g	200g
低筋麵粉		
有鹽奶油		
杏仁片	123g	210g
烤焙溫度	上火170℃下火150℃	
烤焙時間	15分	24分
成品圖		
口感敘述	鬆脆	脆硬度較低

實驗結果說明

[蛋白糖麵糊稠度]

配方 F ＞配方 C ＞配方 D ＞配方 E ＞配方 A ＞配方 B

　　配方 A 與配方 B 因無添加低筋麵粉，所以攪拌完成後麵糊較稀，與杏仁片拌勻後，麵糊較易沉底，也不易裹覆在杏仁片表面。配方 C 比配方 A 多加入 25g 低筋麵粉，麵糊狀態會較濃稠，裹覆力較好。配方 D 又比配方 C 多添加 25g 奶油，麵糊拌合完成會比配方 C 麵糊稀，但若經過冷藏靜置，麵糊則會變稠。配方 F 低筋麵粉用量最高，雖然有鹽奶油量也增加，但整體麵糊狀態最稠，與杏仁片拌勻麵糊能均勻裹覆，不會有沉底狀態。

比例，比較蛋白糖餅乾的差異性

配方組別 原料份量	配方C	配方D	配方E	配方F
細砂糖	100g	100g	100g	100g
蛋白	75g	75g	125g	75g
低筋麵粉	25g	25g	25g	75g
有鹽奶油		25g	25g	75g
杏仁片	140g	158g	193g	228g
烤焙溫度	上火170℃下火150℃			
烤焙時間	18分	18分	20分	13分
成品圖				
口感敘述	脆硬度較低	脆硬度適中	脆硬度較高	酥硬

※ 杏仁片用量＝（細砂糖＋蛋白＋有鹽奶油＋低筋麵粉）×0.7

[口感 vs 配方比例]

配方A 〈細砂糖：蛋白＝ 4：3〉：口感鬆脆。

配方B 〈細砂糖：蛋白＝ 4：8〉：蛋白增加，餅乾口感較配方 A 脆硬。

配方C 〈細砂糖：蛋白：低筋麵粉＝ 4：3：1〉：增加麵粉用量，餅乾口感較配方 A 脆硬。

配方D 〈細砂糖：蛋白：低筋麵粉：有鹽奶油＝ 4：3：1：1〉：增加有鹽奶油用量，餅乾口感較配方 C 脆硬。

配方E 〈細砂糖：蛋白：低筋麵粉：有鹽奶油＝ 4：5：1：1〉：增加蛋白用量，餅乾口感較配方 D 脆硬。

配方F 〈細砂糖：蛋白：低筋麵粉：有鹽奶油＝ 4：3：3：3〉：與配方 D 相比，增加低筋麵粉與有鹽奶油用量，粉油比例過高，口感較酥硬，不脆硬。

蛋白糖系配方結構整理

以下也為讀者簡單整理出不同比例配方，由最簡單之配方 1，只使用細砂糖＋蛋白製作，進而延伸到加入有鹽奶油→低筋麵粉，藉由原料延伸及不同配方組合，變化製作出不同產品，以下簡單整理出配方結構，讓讀者能夠快速了解配方變化之影響，並能依照自己喜好調整配方。

配方組別／評比項目	配方1 蛋白糖脆餅	配方2 蛋白糖脆餅	配方3 脆餅	配方4 瓦片	配方5 瓦片	配方6 基本薄餅配方	配方7 薄餅
細砂糖	100	100	100	100	100		
糖粉						100	100
蛋白	50	75	35＋	200－	115±	100	100±
蛋黃				0＋			0＋
鮮奶油							0＋
有鹽奶油			0＋	0＋	35±	100	100－
低筋麵粉			15±	55±	35±	100	100±
玉米粉							0＋
花生粉	100						
杏仁粉							0＋
椰子粉		100					
杏仁片					200		
花生粒			175				
南瓜子				300			

※ 五穀堅果（粉）種類及添加量可自行更換調整。

配方1、2　蛋白糖脆餅

由以上實驗組對照配方，單純以細砂糖、蛋白與杏仁片所製作的餅體口感會較鬆脆，麵糊狀態較稀，若將杏仁片換為花生粉或椰子粉等吸水量較高的原料，則可製作出口感脆硬的餅體，並與酥鬆性餅乾搭配組合，創造出口感層次，製作方法可參考《餅乾研究室Ｉ》P.67 的可可那滋燒果子。

配方 1 與配方 2 因為花生粉和椰子粉吸水量不同，所以蛋白用量會不同，如椰子粉吸水量較高，蛋白添加比例會比配方 1 多。當然如果用配方 2 的比例添加花生粉，花生粉吸水量會較椰子粉低，所以一定要添加超過 100 的花生粉量。當五穀堅果粉量越高，餅體口感脆硬度會隨之下降，如《餅乾研究室Ｉ》P.167 的椰子球，椰子粉添加比例高，脆硬度會較差，**所以若要使用不同的五穀堅果粉製作蛋白糖脆餅，建議依照不同吸水量來調整蛋白用量，餅體口感脆硬度會較佳，光澤度也會較好。**

配方3　脆餅

配方 3 比配方 1、2 增加低筋麵粉用量，添加低筋麵粉會讓餅體口感更脆硬，所以會搭配顆粒較大的五穀堅果粒製作，若使用花生粉和椰子粉等五穀堅果粉，口感會變更硬，較不建議使用。配方中蛋白添加比例較低，又加入少量低筋麵粉，所以麵糊會較濃稠、流動性較差，與顆粒較大之堅果粒拌合完成，麵糊裹覆在堅果表面的能力較強，麵糊較不易向下沉澱，也因麵糊較濃稠，較不適合拌入杏仁片，除了較難拌均勻外，要將杏仁麵糊平均攤平作業也會較困難，也製作不出薄脆口感，以顆粒較大、有口感的堅果粒較為適合。製作方法和食譜示範可參考

《餅乾研究室Ｉ》P.169 花生巧克力瑪濃。

配方中蛋白添加比例較低為 35g，所以配方調整不建議再減少蛋白用量，若蛋白用量過低，口感脆硬度會更差。**低筋麵粉添加量建議約為蛋白添加量的 0.25 ～ 0.3，若超出此用量範圍，麵糊會較濃稠，口感硬脆度較差，不適合製作瓦片類。**

配方4、5　瓦片

為製作出瓦片薄脆口感且易於將有料麵糊攤開鋪平，需要添加較高比例的蛋白用量，配方中將砂糖設定為 1，蛋白建議添加量為 1 以上，**低筋麵粉添加量建議約為蛋白添加量的 0.25 ～ 0.3**，若有添加奶油，建議添加量則可與低筋麵粉相同。因為配方中蛋白添加量高，低筋麵粉添加量低，所以拌製完成的麵糊狀態會較稀，而在拌製麵糊過程中，多少都會將空氣拌入，所以當麵糊攪拌完成靜置後，空氣會浮出表面，若此時立即開始成型作業，烤出的瓦片表面組織會比較粗糙不細緻，所以可將麵糊放入冷藏靜置，增加麵糊的稠度，取出後再攪拌均勻，烤出的瓦片表面則會較細緻。瓦片配方中添加奶油並非增加餅體的酥鬆度，適量添加奶油用量反而還可增加瓦片之脆硬口感，而有添加適量奶油的麵糊經冷藏靜置後也可適度增加麵糊濃稠度，讓烤出的瓦片組織會更細緻。

配方 4 瓦片沒有添加有鹽奶油，所以蛋白添加比例可以較高，也可添加少量蛋黃或全蛋液取代蛋白用量，增加麵糊烤焙後的細緻度和均勻度，也可增添風味。配方中可增加有鹽奶油，若添加有鹽奶油則要降低蛋白用量，而低筋麵粉用量也需依照上述瓦片配方各項添加比例建議降低用量，製作方法與食譜示範請參考《餅乾研究室Ｉ》P.171 南

瓜子瓦片。而隨著有鹽奶油增加，蛋白添加量減少，配方就會越接近配方 5（製作方法請參考《餅乾研究室 I》P.171 杏仁瓦片）。不同堅果片粒的吸水量不同，也可調整蛋白添加比例，例如：黑白芝麻吸水性較小，所以若以配方 5 的比例製作芝麻瓦片，芝麻添加量必會高於 200，也可直接降低蛋白用量，將 115g 的蛋白用量調減至 100 以下，降低麵糊水分，並同時調整低筋麵粉及有鹽奶油用量。芝麻瓦片可參考《餅乾研究室 I》P.173。

瓦片類製品，建議配方比例：

品項 原料	無油瓦片	瓦片
細砂糖	1	1
蛋白	1＋	1＋
蛋黃	0＋	
有鹽奶油		實際低筋麵粉用量±
低筋麵粉	約蛋白量之 0.25～0.3	約蛋白量之 0.25～0.3

配方6、7 薄餅

　　本篇章的主題為蛋白糖系實驗室，所以配方結構中會以糖及蛋白為主要原料，在配方 6 基本薄餅配方中〈也是磅蛋糕的基本配方〉，糖粉：蛋白：低筋麵粉：有鹽奶油＝1：1：1：1，低筋麵粉與有鹽奶油的比例已和糖粉和蛋白比例相同，若再大幅調整增加低筋麵粉和有鹽奶油的比例，配方則會進入《餅乾研究室 I》的三大基本餅乾配方結構討論中，所以配方 6 的基本薄餅配方可說是蛋白糖餅乾與三大基本配方的界限。使用配方 6 基本薄餅配方，雖然依照不同製作方法可製作出薄餅，同時也可製作出糖油同量的酥脆餅乾，但在兩者之間檢視配方結構和調整配方方式的邏輯卻大不相同，以下簡易說明這兩類配方的調整概念：

三大基本餅乾配方－糖油同量的酥脆餅乾（油糖拌合法）

原料	比例
有鹽奶油	100
糖粉	100
蛋白	100－
低筋麵粉	100＋
總合	400

三大基本餅乾配方檢視概念：

❶ 檢視油糖總合是否和粉類比例相當。

❷ 依照《餅乾研究室 I》P.24，當油：糖＝1：1時，建議液態添加量為麵糰總量之8%±。

說明

配方中低筋麵粉用量明顯低於油糖總合，而蛋白比例也高達麵糰總量之25%，製作出的餅乾擴展度會較大，如果要製作糖油同量的酥脆餅乾，配方調整方向則會：

❶ 降低蛋白添加比例。　　　　❷ 增加低筋麵粉添加比例。

※若要增加餅乾酥度（油比糖多），則可增加有鹽奶油用量。三大基本餅乾配方請參閱《餅乾研究室 I》P.24～26。

蛋白糖餅乾－薄餅（攪拌方法：請參閱最中櫻花餅乾）

原料	比例
糖粉	100
蛋白	100±
有鹽奶油	100－
低筋麵粉	100±
總合	400

蛋白糖薄餅配方檢視概念：

❶ 檢視糖粉與蛋白用量是否相當。（建議蛋白添加量範圍可為糖用量之0.8～1.2）

❷ 低筋麵粉設定添加量約為蛋白添加量之0.7～1.1。

❸ 有鹽奶油設定添加量與低筋麵粉設定相同，有鹽奶油添加量上限不建議超出砂糖量。

說明

　　蛋白添加量過低，麵糊狀態會太濃稠，烤不出薄脆口感，若蛋白添加量太高麵糊會太稀，烤焙時間會較長。低筋麵粉添加量設定則要檢視蛋白用量而定，建議添加量為蛋白添加量之0.7～1.1，若要製作菸捲餅乾，烤焙後要再捲起成型，建議低筋麵粉添加量可比蛋白添加量少，而要製作貓舌或薄餅，低筋麵粉用量建議可與蛋白用量相當。

　　低筋麵粉添加比例超過蛋白用量之1.1以上，隨著用量增加，麵糊會逐漸變濃稠，餅體表面光澤度會較差，烤熟的餅體會較硬，而若用量過低，麵糊會過稀，烤焙時間會較長，餅體周圍已烤上色，中間餅體還沒熟。有鹽奶油添加量設定則可與低筋麵粉同量，但添加量上限不建議超出糖粉用量，若蛋白、有鹽奶油及低筋麵粉用量同時提高，如以下比例，糖粉：蛋白：有鹽奶油：低筋麵粉＝1：1.3：1.3：1.3，麵糊易有出筋狀態，且在烤焙過程會表面冒油，薄餅底部會隆起、較不平整，口感會較紮實、化口性較差。

　　以此配方若糖粉及有鹽奶油比例不變還是可調整至相對安全配方，方法則是要降低蛋白用量，也因加入過量低筋麵粉，麵糊容易出筋，所以可添加少量玉米粉取代低筋麵粉降低麵糊筋度，烤出之薄餅也會較平整，雖然可製做成薄餅，但配方類型及口感則會偏向酥脆型餅乾，且烤焙後也無法捲起成型，故將配方7薄餅配方中，有鹽奶油設定值為100－。

　　薄餅口感會較脆硬，若要讓餅體變酥鬆，並非增加油脂用量，而是像配方 7 薄餅配方中，可加入動物性鮮奶油、蛋黃，全蛋液、杏仁粉或玉米粉增加餅體酥鬆效果，但因為餅體較薄，太酥鬆會容易破碎，所以不宜大量添加。可參考《餅乾研究室Ⅰ》P.116 的玫瑰咖啡薄餅。若要變化調整薄餅配方，建議可從配方6 的基本薄餅配方開始製作，再以上述的蛋白糖薄餅配方檢視概念－1、2、3步驟，即可快速檢視並制訂出安全的餅乾配方。

218

最中櫻花薄餅

製作份量
薄餅約 3~4g×50 片

最佳賞味
常溫 14 天

主體 配 方

食材	實際用量 (g)	烘焙百分比 (%)
無鹽奶油	50	100
糖粉	50	100
低筋麵粉	50	100
天然櫻花粉	1	2
蛋白液	45	90
total	196	392

其他材料

鹽漬櫻花適量、最中餅殼50片、白巧克力適量

研發筆記

● **鹽漬櫻花前處理**

鹽漬櫻花使用前,要先泡入清水中,洗去多餘鹽分並讓花瓣舒展開,再將櫻花攤平在蔬果烘乾機,以 57℃烘乾,取出冷卻,備用。

● **善用透氣網狀矽膠墊**

薄餅麵糊很適合抹在透氣網狀矽膠墊上,薄餅烤出來會比較平整,且要在抹完立即入爐烤焙,麵糊與矽膠墊才不會黏合的太緊,導致不好脫模。

01 無鹽奶油隔水加熱至融化（a）；糖粉＋櫻花粉＋低筋麵粉，混合均勻（b~c）。

02 將融化的無鹽奶油倒入粉類鋼盆中（d），拌勻，再倒入蛋白液（e），拌勻成麵糊（f），
蓋上保鮮膜，放進冰箱冷藏至冰硬，備用。

03 取出麵糊，以抹刀將麵糊抹在圓直徑 4.5cm 的圓形模片中（g），再將模片拉開（h），中間
擺上乾燥櫻花（i）。

04 以上火 190℃／下火 180℃烤 7～8 分鐘，出爐冷卻脫模（j）；在圓形最中餅殼灌入隔水
加熱融化的白巧克力，搖勻（k），中央放上薄餅（l），待白巧克力固化即可。

最中夏堇 ╱ 奇異果薄餅

製作份量
薄餅約 3~4g×50 片

最佳賞味
常溫 14 天

╱ 主體 配 方 ╱

食材	實際用量 (g)	烘焙百分比 (%)
無鹽奶油	50	100
糖粉	50	100
低筋麵粉	50	100
蛋白液	45	90
total	195	390

其他材料

奇異果1顆、夏堇花適量、最中餅殼50片、白巧克力適量、蘭姆酒適量

研發筆記

● 奇異果乾、夏堇前處理

新鮮奇異果去皮切半,再切成 0.2cm 薄片,倒入蓋過奇異果的糖水量,新鮮夏堇也泡入糖水中,放入冰箱冷藏醃漬約 24 小時,取出瀝乾,分別排入蔬果烘乾機,以 57℃烘乾,取出冷卻,備用。

薄餅中間可使用不同裝飾物取代,但注意裝飾物不要太厚或太濕,否則裝飾物底部麵糊會不易烤熟。

(糖水製作:細砂糖+沸水以 1:2 的比例攪拌至砂糖融化,冷卻備用即可。)

01 無鹽奶油隔水加熱至融化；糖粉＋低筋麵粉，混合均勻，倒入融化的無鹽奶油（a），拌勻，
倒入蛋白液（b），拌勻成麵糊（c）。

02 蓋上保鮮膜（d），放進冰箱冷藏至冰硬，取出，以抹刀將麵糊抹在圓直徑 4.5cm 的圓形模
片中（e），再將模片拉開（f）。

03 將乾燥奇異果與乾燥夏堇放入蘭姆酒中，稍微沾濕立即取出，以餐巾紙吸乾，分別裝飾於麵
糊中央（g~h）以上火 190℃／下火 180℃烤 7 ～ 8 分鐘，出爐冷卻脫模（i）。

04 在圓形最中餅殼灌入隔水加熱融化的白巧克力（j），搖勻（k），中央放上薄餅（l），待
白巧克力固化即可。

抹茶糖霜薄餅 ▶ P.226
基礎薄餅配方添加抹茶粉

黑芝麻薄餅 ▶ P.228

加入黑芝麻醬的薄餅配方

抹茶糖霜薄餅

製作份量
約 3~4g×50 片

最佳賞味
常溫 14 天

主體配方

食材	實際用量 (g)	烘焙百分比 (%)
無鹽奶油	50	111.1
糖粉	50	111.1
抹茶粉	5	11.1
低筋麵粉	45	100
杏仁粉	10	22.2
蛋白液	35	77.8
動物性鮮奶油	10	22.2
total	205	455.5

＜蛋白糖霜＞

食材	實際用量 (g)
蛋白	5
純糖粉	33
total	38

研發筆記

● 蛋白糖霜可持續攪拌

蛋白糖霜製作時，將蛋白與糖粉攪拌均勻後可再持續攪拌，一方面糖霜質地會較細緻外，另一方面糖霜硬度也會增加，蛋白與糖粉的結合性也會更好。

01 無鹽奶油隔水加熱至融化（a）；糖粉＋抹茶粉＋杏仁粉＋低筋麵粉，混合均勻，倒入融化的無鹽奶油（b），稍微拌勻（c）。

02 倒入蛋白液（d）和動物性鮮奶油（e），攪拌均勻成麵糊（f），蓋上保鮮膜，放進冰箱冷藏至冰硬。

03 取出，以抹刀將麵糊抹在圓直徑 4.5cm 的圓形模片中（g），再將模片拉開（h），以上火160℃／下火 150℃烤約 10 分鐘，出爐冷卻脫模（i）。

04 在薄餅背面用蛋白糖霜以繞圓方式擠線條（j~k），再入爐，以上火 150℃／下火 150℃烤約 3 分鐘即可。

黑芝麻薄餅

製作份量
約 3~4g × 55 片

最佳賞味
常溫 14 天

 主體 配方

食材	實際用量 (g)	烘焙百分比 (%)
無鹽奶油	50	100
黑芝麻醬	10	20
糖粉	60	120
低筋麵粉	50	100
黑芝麻粉	15	30
蛋白液	45	90
total	230	460

其他材料

青嬰粟籽少許

研發筆記

● 薄餅配方結構與原料關係

薄餅基本配方結構為油脂：糖粉：全蛋液：麵粉＝ 1：1：0.9~1：1，與磅蛋糕基本配方相同，因為水分較多，所以很容易造成麵粉出筋的情形，麵團若產生筋性，會影響麵糊抹入模片中的平整性和完整性，口感也會不鬆脆，餅乾體會收縮、著色度會不均勻。通常會先讓奶油和粉類先結合，液態原料都是最後加入，防止出筋的情形發生。

通常依上述比例所製作的薄餅口感會偏脆硬，若要口感偏酥鬆則可加入膨脹性原料，像杏仁粉或玉米粉等原料，以增加餅體膨脹度並增加酥鬆口感，而也因為配方整體結構水分較高，天然奶油的乳化打發效果也會較差，所以也可使用部分動物性鮮奶油取代液態原料來增加乳化性，提高餅體酥鬆度。

而油脂若使用人造奶油則會增強乳化性，會比使用天然奶油的口感更為酥鬆，若不想使用人造奶油，則就少量添加膨脹性原料或使用乳化性較高的液態原料，增加酥鬆性，若喜歡脆硬口感，則就依上述薄餅基本配方結構做口味變化。

/ 作 法 /

01 無鹽奶油＋黑芝麻醬，隔水加熱至融勻（ a~b ）；糖粉＋黑芝麻粉＋低筋麵粉，混合均勻（c）。

02 將融化的黑芝麻奶油，倒入混合的乾粉中（d），稍微拌勻，倒入蛋白液（e），拌勻成麵糊（f），蓋上保鮮膜，放進冰箱冷藏至冰硬。

03 取出，以抹刀將麵糊抹在圓直徑 4.5cm 的圓形模片中，再將模片拉開（g），撒上青罌粟籽（h），以上火 160℃／下火 150℃烤約 12 分鐘，出爐冷卻脫模（i）即可。

雞蛋蜂蜜杏仁餅 ▶ P.232
無添加油脂的脆餅配方

芝麻薄餅沙布蕾 ▶ P.234
將芝麻瓦片與餅乾體結合

雞蛋蜂蜜杏仁餅

製作份量
約 4g×40 個

最佳賞味
常溫 14 天

主體配方

食材	實際用量 (g)	烘焙百分比 (%)
全蛋液	43	61.4
細砂糖	50	71.4
蜂蜜	5	7.1
低筋麵粉	70	100
total	168	239.9

其他材料
杏仁角適量、苦甜巧克力適量

研發筆記

● 蛋液和砂糖要完全融化

全蛋液和砂糖必須打發至細砂糖完全融化，餅乾烤焙後才會有脆硬口感，若是直接採用拌勻方式，沒有將砂糖融解並作用進配方中，餅乾則會烤不熟。

01 全蛋液＋細砂糖＋蜂蜜（a），拌勻（b），以打蛋器打發至細砂糖融化（c）〈不需打至濕性發泡〉。

02 加入低筋麵粉（d），拌勻成麵糊（e），以直徑 0.6cm 的平口花嘴擠手指型（f）。

03 表面撒上杏仁角（g），以上火 160℃／下火 160℃烤 8 ～ 10 分鐘，出爐冷卻，在表面擠上隔水加熱至融化的苦甜巧克力線條（h），靜置凝固（i）即可。

芝麻薄餅沙布蕾

製作份量
約 20g×18 個

最佳賞味
常溫 14 天

主體配方

食材	實際用量 (g)	烘焙百分比 (%)
有鹽奶油	80	72.7
細砂糖	42	38.2
全蛋液	26	23.6
低筋麵粉	110	100.0
total	258	234.5

＜芝麻麵糊＞

食材	實際用量 (g)
蛋白	35
二號砂糖	40
低筋麵粉	13
熟黑芝麻	20
熟白芝麻	30
有鹽奶油	15
total	153

研發筆記

● 芝麻炒過更香

黑、白芝麻經過炒香動作能讓芝麻更香，也可讓芝麻的生臭味消失。

01 【塔皮主體】有鹽奶油＋細砂糖，拌勻，以打蛋器稍微打發（a），倒入全蛋液，打發至完全乳化，加入低筋麵粉（b），拌勻（c），裝入塑膠袋壓平，放進冰箱冷藏至冰硬。

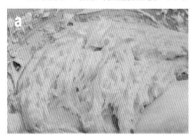

02 取出，壓揉至軟硬度一致，擀至 0.4cm 厚，放進冰箱冷藏至冰硬，再取出，使用長 8.5cm、寬 2.9cm 的長形橢圓模壓出成型，連同壓模一同入爐（d），以上火 170℃／下火 160℃烤 15 ～ 17 分鐘，出爐冷卻，將壓框內層抹油（e），再套回餅乾體（f）。

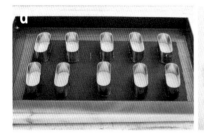

03 【芝麻麵糊】蛋白＋二號砂糖，攪拌至糖融化（若要加速糖粒融化，可稍微隔水加熱攪拌），加入混合均勻的低筋麵粉＋熟黑、白芝麻（g），拌勻，倒入煮到焦化的奶油（h），拌勻（i）將麵糊靜置冷卻至常溫，使麵糊狀態變更濃稠。

04 將芝麻麵糊倒回作法 2 塔皮主體，以鐵叉均勻將芝麻麵糊攤平（j），以上火 180℃／下火 180℃烤 14~16 分鐘，出爐趁熱脫模，若有黏模情況，稍微在邊緣劃一下以利脫模即可。

蛋糖打發系實驗室

蛋糖打發系製品配方中，主要以蛋白＋細砂糖打發，再拌入杏仁粉、糖粉或低筋麵粉，而依照配方中蛋白與總糖量比例的不同，又可分為兩大類：

一、蛋白 100，總糖量約為 200 以下：配方適合製作牛粒、指型餅乾、達克瓦茲、蛋白脆餅。

二、蛋白 100，總糖量約為 215 以上：配方適合製作馬卡龍。

一、 蛋白 100，總糖量約為 200 以下
（配方適合製作牛粒、指型餅乾、達克瓦茲、蛋白脆餅）

牛粒、指型餅乾

蛋白 100，總糖量約為 80 以下，因糖的比例少，配方中又會以全蛋液或蛋黃取代蛋白液，增加整體配方的油脂量，製品口感除了較鬆軟外，也會帶有綿潤感。所以，在此類製品配方中不會再額外添加杏仁粉用量，也能製作出帶有些微濕潤度的口感。

達克瓦茲、蛋白脆餅

蛋白 100，總糖量約為 200 以下，配方中添加比例較高的杏仁粉，除了可增加製品鬆軟濕潤，且帶 Q 度的口感，也可增加杏仁粉烤焙後的香氣。若要製作出酥脆的口感，除了可延長烤焙時間，將製品水分烤乾外，也可在配方中增加低筋麵粉的用量。

蛋白餅實驗室

配方組別 原料份量	配方A	配方B	配方C	配方D	配方E
蛋白：糖	100：40	100：80	100：80	100：80	100：100
蛋白	100	100	100	100	100
細砂糖	40	80	80	80	80
杏仁粉				100	100
糖粉					20
低筋麵粉	60	60	20	20	20
成品圖					

※ 蛋白固定為 100，變化糖、低筋麵粉及杏仁粉用量。

糖量變化的影響比較

※ 糖量增加除了會增加甜度，也會增加脆硬口感，烤焙後收縮度會較小，餅體體積會較大。

配方A與配方B比較

　　配方 A 糖量較配方 B 少，口感會較酥鬆脆，適合搭配製作鹹口味餅乾；配方 B 口感則明顯較脆硬。

配方E、配方H與配方I比較

　　糖量越高，烤焙後較不易收縮，餅體體積也會較大，配方 I 為三組配方中糖量最高，烤焙後的餅體體積最大；而配方 E 糖量最低，烤焙後收縮程度較大，餅體體積最小。

低筋麵粉量變化的影響比較

※ 增加麵粉用量，口感會越硬，烤焙後收縮度會較小，餅體體機會較大。

配方B與配方C比較

　　配方 C 麵粉用量較配方 B 少，口感會較酥鬆，烤焙後收縮度較大，餅體體積會較小；而配方 B 口感較脆硬。

配方E與配方F比較

　　配方 F 麵粉用量較配方 E 多，口感相較下會較脆硬，烤焙後收縮度較小，餅體體積較大。

蛋白餅實驗室

配方組別 原料份量	配方F	配方G	配方H	配方I
蛋白：糖	100：100	100：100	100：180	100：200
蛋白	100	100	100	100
細砂糖	80	80	80	80
杏仁粉	100	150	100	100
糖粉	20	20	100	120
低筋麵粉	70	20	20	20
成品圖				

※ 蛋白固定為 100，變化糖、低筋麵粉及杏仁粉用量。

杏仁粉量變化的影響比較

※ 添加杏仁粉會增加杏仁香氣，隨著杏仁粉比例增加，餅體口感會越紮實。

配方C與配方D比較

配方 C 無添加杏仁粉，低筋麵粉比例又低，口感會較酥鬆，而配方 D 增加 100g 杏仁粉，口感會較酥硬紮實，雖然都已烘焙至收乾水分，呈現餅乾口感，但配方 D 會帶有杏仁粉油脂的潮潤口感，所以製做鬆軟濕潤的達克瓦茲，杏仁粉是不可缺少的重要原料。

配方E與配方G比較

配方 G 杏仁粉添加量較配方 E 多，口感和餅體體積相較之下會較紮實。

結論

打發類蛋白餅依口感可分類為濕潤口感的蛋糕類型和酥鬆脆的餅乾類型。若要製作濕潤口感的蛋糕類型，食譜示範可參閱《餅乾研究室 I》P.149 的台式香草牛粒、P.151 香草葡萄達克瓦茲及 P.153 榛果達克瓦茲。蛋〈白〉液：糖從 100：40 增加至 100：125，製作濕潤口感的蛋白餅，除了須控制烤焙條件，讓製品帶有些許濕潤度外，蛋黃和杏仁粉的添加，也可以增加製品的油潤度和鬆軟口感。本書中所示範的蛋白餅則屬於餅乾類型，如食譜示範中的 P.248 指形夾心餅乾、P.150 彩色米果香鬆餅乾、P.254 杏仁巧克力菸捲、P.256 咖啡核桃菸捲，以及 P.260 開心果椰子蛋白圈。蛋白：糖從 100：90 增加至 100：180，再由以上實驗對照比較結果得知，各項原物料添加比例對製品品質和口感所造成的影響，便能自行調整並制定此類配方。

二、 蛋白 100，總糖量約為 215 以上（配方適合製作馬卡龍）

馬卡龍的品質

※ 周圍底部有一圈明顯的雷絲裙襬組織，外殼細緻帶有光澤度，口感外殼酥脆，內部濕潤帶黏性。

蕾絲裙襬形成

馬卡龍入爐之前，必須經過乾燥過程，經過乾燥的馬卡龍用手觸摸表面，麵糊不會黏手，使表皮形成一層殼模，再經過烤焙加溫，麵糊從底部邊緣溢出膨脹，進而形成蕾絲裙組織。

外殼細緻帶光澤

馬卡龍配方的糖比例偏高，麵糊糖度會呈現過於飽和現象，糖份會往表面釋出，經烤焙後會使表面形成帶有光澤度的餅殼。蛋白霜打發完成後，無論拌入乾粉狀的杏仁糖粉，或加入蛋白的杏仁糖麵糊，都需攪拌至部份打發蛋白霜液體化，變為液態蛋白的狀態，讓攪拌完成的麵糊具有一定流動性，且具有光澤亮度，烤出來的馬卡龍表面就會較具光澤細緻度。

口感外殼酥脆、內部濕潤帶黏性

馬卡龍配方中添加了大量的杏仁粉，添加量約為糖量的 50%，添加杏仁粉不但能增加杏仁粉烤焙後的香氣，同時也因為杏仁粉含脂率高，所以可製作出濕潤柔軟的口感，再配合配方中較高的糖量，所以在濕潤柔軟的口感中又會帶有黏性。杏仁粉在水分含量較低的燒菓子，如費南雪、達克瓦茲等製品中，因杏仁粉添加比例較高，製做出的製品外表雖然較為乾燥，但內部卻保有鬆軟濕潤的口感。

製作馬卡龍很容易達到外觀品質判斷條件的標準〈蕾絲裙形成、外殼細緻帶光澤〉，但在控制內部組織和口感會較困難，即使外觀達到標準，但組織容易會有中空現象，口感過乾、帶有粉粉的組織感、不化口、甜膩感明顯等不良情形。優良的馬卡龍品質應為甜而不膩、外酥內濕潤柔軟、化口性佳並帶有杏仁粉烤焙後的香氣。

I. 法式馬卡龍（法式蛋白霜）

　　蛋白直接與細砂糖打發，再與杏仁糖粉拌勻，作法上會較簡單，製作時間較短。法式蛋白霜配方中，細砂糖比例較低，蛋白：細砂糖打發比例約為 1：1.5 以下，若細砂糖比例高於 1.5，細砂糖用量過高，則無法完全溶解於蛋白中，也較不易打發，而隨著細砂糖比例降低，所製作出的氣泡組織較大，蛋白霜較不穩定，拌合過程中，打發蛋白比較容易被破壞而液體化。

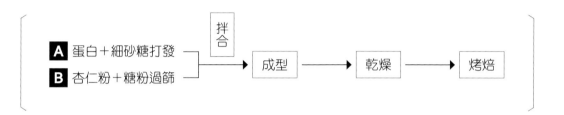

A 蛋白＋細砂糖打發
B 杏仁粉＋糖粉過篩
→ 拌合 → 成型 → 乾燥 → 烤焙

II. 義式馬卡龍（義式蛋白霜）

　　義式馬卡龍蛋白霜中，細砂糖比例較高，蛋白：細砂糖打發比例約為 1：2 以上，因砂糖比例高，若直接將細砂糖與蛋白打發，砂糖會結合蛋白的水分，而蛋白的水分也不足夠將砂糖融化，所以必須將砂糖加水煮融（添加水量約為砂糖量的 1/3），並煮至 118℃～ 120℃，再慢慢沖入已打至 8 ～ 9 分發的蛋白中，持續打發至半乾性發泡後，再繼續打發降溫至 40℃～ 50℃（註 1）。

打發完成的義式蛋白霜氣泡組織會比較細緻光量，狀態也會較穩定、不易被破壞，所以在拌合過程中，打發蛋白霜較不易被破壞、液體化程度低，若直接拌入杏仁糖粉，麵糊則會過乾，所以在義式馬卡龍配方中，杏仁糖粉則會再添加蛋白，一起拌勻製成杏仁糖麵糊，增加馬卡龍麵糊中的液態蛋白的比例。

註 1

將高溫糖漿沖入蛋白中，此時打發的蛋白黏度會較低，若此時停止打發，氣泡會容易崩壞，所以必須持續打發動作到溫度下降，此時黏度就會提高，即可增強蛋白打發後的穩定度。

製程

A 蛋白打發至 8 ～ 9 分發
B 細砂糖＋水煮至 118 ～ 120℃
→ 義式蛋白霜

C 杏仁粉＋糖粉過篩
D 蛋白
→ 蛋白杏仁糊

→ 拌合 → 成型 → 乾燥 → 烤焙

法式馬卡龍實驗室

配方組別 原料份量	馬卡龍J	馬卡龍K	馬卡龍L
蛋（白）：糖	100：245	100：245	100：245
蛋白	100	100	100
細砂糖	40	80	140
杏仁粉	120	120	120
糖粉	205	165	105
成品圖			

※ 設定蛋白為 100，變化配方總糖量比例、蛋白與細砂糖打發的比例。

實驗結果說明

※ 製程、配方 vs. 馬卡龍品質。

法式蛋白霜，蛋白與細砂糖比例

[細砂糖比例越高]

　　蛋白霜打發後的比重會較重、氣泡會比較細緻穩定，在拌合過程中，打發蛋白較不易液體化，麵糊狀態會較黏稠。

由實驗對照組配方 L，打發蛋白霜配方比例，蛋白：細砂糖＝ 100：140，細砂糖比例較高，打發完成的蛋白霜會較細緻濃稠，打發蛋白霜較不易被破壞，所製作出來的馬卡龍厚度也會較厚。

[細砂糖比例越低]

　　蛋白霜打發後的比重會較輕，氣泡會較粗糙、容易消泡，在拌合過程中，蛋白較易液體化，麵糊黏稠度會較低。

由實驗對照組配方 J，打發蛋白霜配方比例，蛋白：細砂糖＝ 100：40，細砂糖比例較低，打發完成的蛋白霜比重較輕、氣泡較大，打發蛋白霜較易被破壞，所製作出的馬卡龍厚度會較薄。

麵糊拌合，打發蛋白霜液體化程度

[液體化程度高]

麵糊氣泡過少：餅殼會較薄、容易破碎，麵糊消泡嚴重，烤焙後容易會有空心情形，馬卡龍會較扁平。

[液體化程度低]

麵糊氣泡過多：餅殼會較厚、麵糊易膨脹、表面易裂開，不容易產生蕾絲裙邊，表面光澤度低，也會較粗糙。

蕾絲裙襬組織無法成型

➊ 配方中蛋白比例高

馬卡龍配方中蛋白若為 100，糖比例若低於 215，麵糊攪拌後狀態會較稀，黏稠度會較低，麵糊經烤焙後則較無法形成蕾絲裙襬組織。

➋ 蛋白打發過度

義式蛋白霜蛋白在沖入糖漿前，須將蛋白打至半乾性發泡，而未添加細砂糖的蛋白相當容易打發，但也很容易打發過度，若蛋白打發過度再沖入糖漿，雖然也是可以製作出組織細緻的蛋白霜，但擠出的麵糊表面不易乾燥，烤出的馬卡龍膨脹度大，餅殼亦無法形成蕾絲裙襬組織。

➌ 蛋白打發度不足

餅殼表面容易膨脹裂開，無法形成蕾絲裙襬組織。法式蛋白霜如對照組配方 L，打發蛋白霜配方比例為蛋白：細砂糖＝ 100：140，細砂糖比例較高 ，若細砂糖沒確實分三次加入，進行蛋白打發作業，蛋白則容易打不發，烤出來的馬卡龍表殼容易塌陷，整體狀態會過濕軟。

製作馬卡龍的義式蛋白霜打發比例若蛋白：細砂糖約為 1：2 以上，因細砂糖比例高，所以蛋白必須打至半乾性發泡，再將糖漿沖入繼續打發，若蛋白打的發度不夠而倒入糖漿，蛋白霜後續打發狀況會較差，以下為義式蛋白霜蛋白及細砂糖的比例與蛋白打發程度的建議：

> 蛋白：細砂糖＝ 1：2，建議打至接近半乾性發泡或乾性發泡，再沖入糖漿。
>
> 蛋白：細砂糖＝ 1：1.5，建議打至接近濕性發泡或半乾性發泡，再沖入糖漿。

④ 麵糊拌合不足

拌合完成麵糊氣泡過多、蛋白霜液體化不足,經烤焙表面易裂,無法形成蕾絲裙襬組織。如下圖所示。

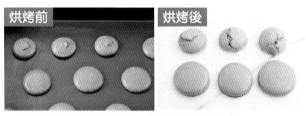

▲ 上面三顆是流動性不足。下面是流動性充分

⑤ 麵糊表面不夠乾燥

若表面乾燥不足,麵糊經烤焙過程膨脹很容易撐破表面,使表殼造成裂痕,則不易形成蕾絲裙襬組織。

⑥ 烤箱溫度下火過高

烤焙馬卡龍要先將表面先烤定型,而當內部麵糊經烤焙後膨脹,麵糊則會從底部溢出,而形成蕾絲裙襬組織,若底火溫度過高,除了會先將麵糊底部烤定型外,麵糊烤焙後也會由表面膨脹開來,則不易形成蕾絲裙襬組織。

外觀正常,組織中空、外殼過薄過厚、口感過乾

[組織中空]

① 麵糊拌合液化程度高

配方中蛋白比例較高,或蛋白霜打發配方中的細砂糖比例較低,打發蛋白霜在拌合過程中較易被破壞,所以容易會有攪拌過度而消泡的情形,造成麵糊狀態過稀,烤焙後組織較易中空、餅殼過薄易碎、內部組織粗糙,底部裙襬面積會較大(如下圖所示)。法式蛋白霜打發配方中若細砂糖比例較高,打發完成的蛋白霜較細緻紮實,拌合過程較不易被破壞液體化,但過度拌合還是會造成組織中空。

② 烤焙不足

烤焙溫度過低或烤焙時間不足,都會造成馬卡龍熟度不足的情況,若未熟而從烤箱取出冷卻,內部組織則會塌陷,也會形成中空組織。

❸ 乾燥程度過度

馬卡龍表面乾燥會因天氣、配方比例、蛋白霜打發程度及麵糊液體化程度而影響乾燥作業，所以必須實際觸碰麵糊表面來判定是否完成乾燥作業，若過度乾燥或乾燥作業時間過長，麵糊表面結皮過厚，所烤製完成的馬卡龍外殼會較厚。若乾燥時間過長，加上麵糊過稀或配方中蛋白比例較高，內部麵糊也容易有消泡情形，烤焙的馬卡龍也容易有中空狀況（如下圖所示）。

餅體過乾

❶ 麵糊拌合不足

麵糊拌合程度不足，麵糊會較發，烤焙後的馬卡龍口感會較酥硬，烤焙時間會較短。反之，麵糊過度拌合，液體化程度大、麵糊液體蛋白比例高或麵糊過稀，所需烤焙時間可能會較長，烤焙後的馬卡龍底部易有濕黏的組織狀。

❷ 烤焙過度

馬卡龍烤焙完成後，按壓底部應有些許柔軟度，內部才會鬆軟濕潤，若烤焙過度，馬卡龍口感會較乾，化口性會較差，口感也會較於甜膩。

結論

馬卡龍小圓餅的口感應為鬆軟濕潤、甜而不膩，並帶有杏仁粉香氣，即使以相同配方、不同製作條件，製作出來的馬卡龍小圓餅，其甜味感受度和口感還是會有差異，若製作出的馬卡龍小圓餅單獨品嚐太甜膩，除了要調整配方外，也需要考慮調整製作方式。馬卡龍餡料與餅乾夾心餡相較之下，水分會較高，質地細緻化口，風味呈現應要濃郁明顯，並可利用食材的酸味和苦味平衡馬卡龍小圓餅的甜度。馬卡龍夾餡後建議放置熟成一天，口感會更加濕潤柔軟，化口性更好。

馬卡龍就像是一顆濃縮膠囊，須將食材味道濃縮結合在這顆膠囊中，品嚐後能讓味蕾達到最大的滿足感，若讀者們對於馬卡龍的印象還是覺得太過甜膩無法接受，我想應該是還沒品嚐到好吃的馬卡龍吧！

指形夾心餅乾 ▶ P.248

蛋白 100：糖 90

彩色米果香鬆餅乾 ▶ P.250

蛋白 100：糖 90

指形夾心餅乾

製作份量
約 5g (片)×30 組

最佳賞味
常溫 14 天

/ 主體 配 方 /

食材	實際用量 (g)	烘焙百分比 (%)
蛋白	100	200
細砂糖	65	130
蛋白粉	1	2
杏仁粉	65	130
純糖粉	25	50
低筋麵粉	50	100
total	306	612

＜苦甜巧克力餡＞

食材	實際用量 (g)
苦甜巧克力	35
無鹽奶油	28
糖粉	7
君度橙酒	3
total	73

其他材料
糖粉適量

 研發筆記

● **依烘烤時間和粉量調整餅乾口感**

指形餅乾的口感可乾硬，也可帶有濕潤度，可依口感喜好調整烘焙時間，除了調整烤焙時間來控制口感外，也可在麵粉比例做調整，如果想讓餅乾組織較濕潤，可降低麵粉用量，但此配方的麵粉添加量較高，口感會屬於餅乾類，同時餅乾水分低，也適合常溫存放，保存期也會較長。

01【苦甜巧克力餡】苦甜巧克力隔水加熱（a）至融化，先後加入糖粉（b）和無鹽奶油（c），拌勻，倒入君度橙酒，拌勻，冷藏備用。

02【餅乾主體】蛋白打發至表面有不規則大氣泡（d），分2次加入混勻的細砂糖＋蛋白粉（e），打發至乾性發泡（f）。

03 續入混合均勻的杏仁粉＋純糖粉＋低筋麵粉，拌勻（g~h），裝入0.8cm的平口花嘴擠花袋，擠出指形（i），表面均勻撒上薄薄糖粉，靜置待糖粉潮解，再撒上第二層糖粉（j）。

04 以上火170℃／下火160℃烤16～18分鐘，出爐待餅乾體冷卻後（k），擠上2g苦甜巧克力餡（l），再以另一片餅乾體夾起（m）即可。

彩色米果香鬆餅乾

製作份量
約 5g×60 片

最佳賞味
常溫 14 天

主體配方

食材	實際用量 (g)	烘焙百分比 (%)
蛋白	100	667
細砂糖	50	333
糖粉	40	267
杏仁粉	80	533
香鬆	15	100
低筋麵粉	15	100
total	300	2000

其他材料

彩色米果適量、黑芝麻粒適量

 研發筆記

● **善用食材創造口感風味**

市售香鬆種類、口味眾多,有些香鬆顏色繽紛,經烤焙後又不會焦化,很適合拿來作表面裝飾物,更能增加視覺效果並且增添風味。配方中的彩色米果也可用一般米香取代。

01 蛋白打發至表面有不規則大氣泡（a），分 2 次加入細砂糖（b），打發至乾性發泡（c~d）。

02 加入混合均勻的糖粉＋杏仁粉＋香鬆＋低筋麵粉（e），拌勻成麵糊（f~g）。

03 將麵糊裝入 0.5cm 平口花嘴擠花袋，以繞圓方式擠出直經約 4.5cm 的圓形（h），撒上彩色米果和黑芝麻粒（i~j），以上火 150℃／下火 150℃烤約 15 分鐘即可。

杏仁巧克力菸捲 ▶ P.254

蛋白 100：糖 110

杏仁巧克力菸捲

製作份量
約 2~3g×55 片

最佳賞味
常溫 14 天

主體 配 方

食材	實際用量 (g)	烘焙百分比 (%)
蛋白	50	625
細砂糖	35	438
純糖粉	20	250
杏仁粉	50	625
低筋麵粉	8	100
total	163	2038

其他材料

苦甜巧克力適量、熟杏仁角適量

研發筆記

● **烤焙墊材質影響薄餅捲製速度**

為防止薄餅烤焙後沾黏烤盤，都會將薄餅麵糊抹在防沾墊上，但此餅乾較不適合使用矽膠墊，因為矽膠墊的黏覆力較強，不易取下，會影響出爐立即趁熱整形的作業速度，建議使用烤盤布，能較輕易趁熱取下。

若使用烘焙紙也要注意，建議使用紙質較光滑且光澤度較佳的烤焙紙，烤焙後能輕易取下，若質地偏向白報紙，觸感稍微偏粗糙，餅乾也會無法輕易取下，所以在使用前必須注意紙質種類。

01 蛋白打發至表面有不規則大氣泡，分 2 次加入細砂糖，打發至乾性發泡（a），加入混合均勻的糖粉＋杏仁粉＋低筋麵粉（b），拌勻成麵糊（c）。

02 將麵糊抹在 4cm 正方的薄餅模片中（d），刮平（e），拉起模片（f）。

03 以上火 190℃／下火 180℃烤 7～9 分鐘（g），出爐立刻以直徑 0.7cm 的鋼管將薄餅捲起（h~i），靜置冷卻。

04 苦甜巧克力隔水加熱，將餅體兩端沾上苦甜巧克力（j），再裹上杏仁角（k），待巧克力固化（l）即可。

咖啡核桃菸捲

製作份量
約 2~3g × 60 片

最佳賞味
常溫 14 天

 主體 **配** 方

食材	實際用量 (g)	烘焙百分比 (%)
細砂糖	35	292
蛋白	50	417
純糖粉	40	333
核桃粉	50	417
即溶咖啡粉	5	42
低筋麵粉	12	100
total	192	1600

其他材料

玉米片適量、熟杏仁角適量、巧克力酥菠蘿（作法見P.57）適量

 研|發 筆|記

● 薄餅受潮處理

薄餅放於空氣中很容易會吸濕受潮，若受潮可將捲好的薄餅全部緊靠，排放在烤盤以150℃回烤即可。

● 巧克力酥菠蘿

這裡用來沾裹裝飾的巧克力酥菠蘿可參考本書 P.57 巧克力酥菠蘿餅乾作法，或直接購買市售的巧克力脆餅〈顆粒狀〉使用亦可。

● 核桃粉與糖粉一起磨粉較細緻

核桃＋糖粉一起打成粉末狀會比較細緻，如果只有放入核桃單獨攪打，核桃粉會比較濕、顆粒比較粗。

01 蛋白打發至表面有不規則大氣泡，分次加入細砂糖，打發至乾性發泡，加入混合均勻的糖粉＋核桃粉＋即溶咖啡粉＋低筋麵粉（a），拌勻成麵糊（b~c）。

02 將麵糊抹在 4cm 正方的薄餅模片中（d），刮平，拉起模片（e），以上火 190℃／下火 180℃烤 7～9 分鐘（f）。

03 出爐，立刻以直徑 0.5cm 的鋼管將薄餅捲起（g~h），靜置冷卻；玉米片＋熟杏仁角＋巧克力酥菠蘿碎，拌勻壓碎為裝飾物（i），備用。

04 苦甜巧克力隔水加熱，將餅體沾附苦甜巧克力（j），再裹上裝飾物（k），待巧克力固化（l）即可。

法式覆盆子馬卡龍 ▶ P.262

蛋白 100：糖 225

開心果椰子蛋白圈

製作份量
約 6~7g×35 個

最佳賞味
常溫 14 天

主體配方

食材	實際用量 (g)	烘焙百分比 (%)
蛋白	50	500
細砂糖	35	350
椰子粉	75	750
純糖粉	55	550
低筋麵粉	10	100
total	225	2250

其他材料

杏仁角適量、開心果碎適量、黑巧克力適量

● **麵糊消泡程度影響口感與外觀**

蛋白打發完成，加入粉類材料拌勻時，麵糊消泡程度越低，烤出的餅體體積會較大、口感較鬆，表面光澤度較差。若麵糊消泡狀態越大，烤出餅體口感會較硬，表面光澤度會較亮。讀者可依自己喜好的餅乾狀態來調整製作。

作法

01 蛋白打發至表面有不規則大氣泡，分兩次加入細砂糖，打發至乾性發泡（a），加入混合均勻的椰子粉＋純糖粉＋低筋麵粉（b），拌勻成麵糊（c）。

02 裝入 0.6cm 平口花嘴擠花袋，擠出甜甜圈的形狀（d），撒上杏仁角和開心果碎（e~f）。

03 放入烤箱（g），以上火 150℃／下火 150℃烤約 30 分鐘，出爐，靜置冷卻；將黑巧克力隔水加熱至融化，在冷卻的餅乾體表面擠上黑巧克力線條（h）即可。

法式覆盆子馬卡龍

製作份量
約 8~9g (片)×50 組

最佳賞味
冷藏 5 天

 主體 配 方

食材	實際用量 (g)	烘焙百分比 (%)
杏仁粉	250	125
純糖粉	300	150
紅色色膏	6	3
蛋白	200	100
細砂糖	150	75
total	906	453

其他材料

覆盆子可可餡350g

研發筆記

● 密封包裝延長保存狀態

此配方的馬卡龍於冷藏存放 4 ～ 5 天並不會發霉變質，但會隨著冷藏時間增長，水分會慢慢流失，整體狀態會越乾硬，但若單顆完整密封包裝，可防止變乾的可能性。

● 【覆盆子可可餡】製作

材料

食材	實際用量 (g)
冷凍覆盆子果泥	200
細砂糖a	80
細砂糖b	20
果膠粉	4
新鮮檸檬汁	30
調溫白巧克力	80
可可脂	45
發酵奶油	40
total	499

作法

❶ 冷凍覆盆子果泥＋細砂糖a，拌勻，加熱濃縮至 230g，加入混合均勻的細砂糖b＋果膠粉，煮滾，倒入檸檬汁再次煮滾，熄火冷卻至常溫。

❷ 調溫白巧克力＋可可脂，隔水加熱至融化，倒入作法 1 中拌勻，加入軟化發酵奶油，攪拌均勻，冷藏備用即可。

01 杏仁粉＋純糖粉，放入食物調理機打至均勻細緻（a），取出，加入紅色色膏（b）備用。

02 蛋白打發至表面有不規則大氣泡，分 3 次加入細砂糖，打發至半乾性發泡（c），加入杏仁糖粉中（d），攪拌至麵糊微有流動性的狀態（e）。

03 裝入 1cm 的平口花嘴擠花袋，擠出直徑 3cm 的圓形（f），放在室溫乾燥至觸碰表面不會黏手的程度（g），以上火 140℃／下火 140℃烤約 21 分鐘，取出冷卻備用。

04 覆盆子可可餡取出回軟，在餅體上擠約 7g 的內餡（h），再蓋上另一片餅體（i）即可。

法式香草焦糖馬卡龍 ▶ P.266

蛋白 100：糖 235

義式巧克力馬卡龍 ▶ P.268

蛋白 100：糖 245

 法式香草焦糖馬卡龍

製作份量
約 8g (片) ×50 組

最佳賞味
冷藏 5 天

主體 配 方

食材	實際用量 (g)	烘焙百分比 (%)
杏仁粉	240	120
純糖粉	330	165
香草莢	半條	1/4條
蛋白a	100	50
蛋白b	100	50
細砂糖	140	70
total	910	455

＜焦糖餡＞

食材	實際用量 (g)
細砂糖	150
水	25
動物性鮮奶油	175
有鹽奶油a	25
吉利丁片	2.5
有鹽奶油b	150
鹽之花	1
total	528.5

 研發筆記

● **煮製焦糖要避免熱糖噴濺**

製作焦糖餡時，糖色煮得越深，焦糖味會越明顯，但焦色太深則會有苦味的產生，在沖入鮮奶油後要持續攪拌均勻，避免鍋邊焦糖繼續焦化變苦。切記，鮮奶油沖入時，焦糖會膨脹沸騰，如果煮鍋越小，建議鮮奶油要分次少量加入，避免焦糖噴濺危險。

● **馬卡龍熟成一天更好吃**

馬卡龍夾餡後，可冷藏存放一天，口感會變得更入口即化，餅殼和餡料也會更融合。馬卡龍餡料水分多半會偏高，但還是需視天氣、作業環境、溫度以及製品存放溫度來調整餡料軟硬度。建議在符合操作便利和適於保存的條件下，可盡量將餡料做軟一點，讓整體口感更化口。

01 【焦糖餡】細砂糖＋水，煮至微微焦化，分 3 次沖入加熱至 80℃的動物性鮮奶油（a），煮
   至 115℃，熄火，冷卻至微溫，依序加入有鹽奶油 a（b）、泡水瀝乾的吉利丁片，拌勻，再
   加入鹽之花以及有鹽奶油 b，拌勻冷卻（c），冷藏備用。

02 杏仁粉＋純糖粉＋香草籽（d），放入食物調理機打至均勻細緻（e），取出，倒入蛋白 a，
   拌勻成杏仁糊（f）。

03 蛋白 b 打發至表面有不規則大氣泡，分 3 次加入細砂糖，打發至半乾性發泡（g），分 3 次
   加入杏仁糊中（h），攪拌至麵糊微有流動性（i），且麵糊拉起滴落後，紋路會在約 15 秒
   後消失的狀態。

  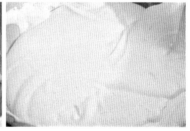

04 裝入 1cm 的平口花嘴擠花袋，擠出直徑 3cm 的圓形（j），敲烤盤，放在室溫乾燥至觸碰表
   面不會黏手的程度，以上火 140℃／下火 140℃烤 18 ～ 21 分鐘，取出冷卻。同時取出焦糖
   餡回軟，擠在冷卻的餅體上（k），再蓋上另一片餅體（l）即可。

義式巧克力馬卡龍

製作份量
約 8~9g (片)×50 組

最佳賞味
冷藏 5 天

主體 配 方

食材	實際用量 (g)	烘焙百分比 (%)
杏仁粉	220	110
純糖粉	220	110
可可粉	35	17.5
蛋白a	100	50
細砂糖	270	135
水	90	45
蛋白b	100	50
total	1035	517.5

<巧克力甘納許>

食材	實際用量 (g)
調溫苦甜巧克力	200
動物性鮮奶油	170
有鹽奶油	45
total	415

研|發 筆|記

● **【巧克力甘納許】製作與口感調整**

作法 動物性鮮奶油煮到微滾，加入切碎的苦甜巧克力，拌到融勻，加入有鹽奶油利用餘溫再拌勻，冷藏備用即可。

※ 材料中的苦甜巧克力可用些許純苦巧克力取代，可增加巧克力苦味並降低甜度，也可添加 10g 白蘭地或威士忌增加風味，同時動物性鮮奶油部分則等量減少，可增加味覺上的層次感。而動物性鮮奶油則可用來控制餡料的軟硬度，可依照自己的作業條件和口感喜好來作微調。

● **麵糊狀態影響餅殼外觀**

打發蛋白和杏仁粉糊需攪拌至微帶流動性，馬卡龍麵糊和蛋糕麵糊不同，不需要擔心消泡問題，在相同配方條件下，麵糊若攪拌不夠無流動性，烤出製品則易膨脹，造成表面會有裂痕，如圖所示。

▲ 上面三顆是流動性不足。下面是流動性充分

╱ 作 法 ╱

01 杏仁粉＋純糖粉＋可可粉，放入食物調理機打至均勻細緻（a），倒入 40℃的蛋白 a（b），拌勻成杏仁糊（c）。※ 如無食物調理機可用篩網過篩。

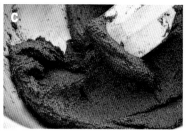

02 細砂糖＋水，煮至 120℃（d）、蛋白 b 打到濕性發泡，將 120℃熱糖漿緩緩沖入濕性發泡的蛋白中（e），繼續打至半乾性發泡，以低速繼續攪拌至降溫為 40 ～ 42℃，完成打發蛋白霜（f）。

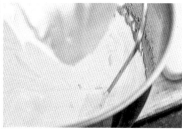

03 將打發蛋白霜分 3 次加入杏仁糊（g），攪拌至麵糊略有流動性（h~i），且麵糊拉起滴落後，紋路會在約 15 秒後消失的狀態。

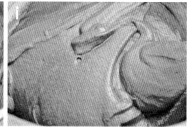

04 裝入 1cm 的平口花嘴擠花袋，擠出直徑 3cm 的圓形（j），敲烤盤，放在室溫乾燥至觸碰表面不會黏手的程度，以上火 140℃／下火 140℃烤 18 ～ 21 分鐘，取出冷卻（k）。同時取出巧克力甘納許回軟，擠在冷卻的餅體上（l），再蓋上另一片餅體即可。

法式檸檬馬卡龍 ▶ P.272

蛋白 100：糖 245

 法式檸檬馬卡龍

主體配方

食材	實際用量 (g)	烘焙百分比 (%)
杏仁粉	130	130
純糖粉	145	145
黃色色膏	2	2
蛋白	100	100
細砂糖	100	100
total	477	477

＜檸檬奶油餡＞

食材	實際用量 (g)
細砂糖	58
玉米粉	2.5
全蛋液	52
檸檬汁	48
檸檬皮碎	1顆
吉利丁片	1.25
可可脂	40
發酵奶油	40
total	241.75

 研|發 筆|記

● 檸檬奶油餡口感調整

檸檬奶油餡可用發酵奶油和可可脂來控制餡料軟硬度，若發酵奶油比例增加、可可脂減少，餡料則會變得更軟，若可可脂比例增加則餡料則會變得更硬。

因為可可脂沒有奶油或太特殊之香氣，也沒有白巧克力的奶香味和甜味，所以添加可可脂更可保有且不干擾水果本身的風味，使味道更加清爽。

01 [**檸檬奶油餡**] 細砂糖＋玉米粉，混勻，依序加入全蛋液、檸檬汁及檸檬皮碎（a），拌勻，隔水加熱至濃稠狀（b），熄火，加入泡軟瀝乾的吉利丁，拌勻，趁熱加入可可脂（c）拌融，再加入發酵奶油，拌勻（d）（若溫度太低，可再隔水升溫拌至奶油融化為止），冷藏備用。

02 [**主體餅乾**] 杏仁粉＋純糖粉，放入食物調理機打至均勻細緻（e），取出，加入黃色色膏（f）備用。※ 如無食物調理機可用篩網過篩。

03 蛋白打發至表面有不規則大氣泡，分 3 次加入細砂糖，打發至半乾性發泡，加入杏仁糖粉中（g），攪拌至麵糊微有流動性的狀態（h~i）。

04 裝入 1cm 的平口花嘴擠花袋，擠出直徑 3cm 的圓形（j），敲烤盤，放在室溫乾燥至觸碰表面不會黏手的程度（k），以上火 140℃／下火 140℃烤 18 ～ 21 分鐘，取出冷卻。同時取出檸檬奶油餡回軟，擠 7g 在冷卻的餅體上（l），再蓋上另一片餅體即可。

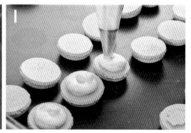

義式抹茶馬卡龍

製作份量
約 8~9g（片）×50 組

最佳賞味
冷藏 5 天

/ 主體 配 方 /

食材	實際用量 (g)	烘焙百分比 (%)
杏仁粉	230	115
純糖粉	265	132.5
抹茶粉	10	5
蛋白a	100	50
綠色色膏	1	0.5
細砂糖	265	132.5
水	90	45
蛋白b	100	50
total	1061	530.5

＜抹茶甘納許＞

食材	實際用量 (g)
調溫白巧克力	210
動物性鮮奶油	150
抹茶粉	20
白蘭地	10
total	390

研發筆記

● 【抹茶甘納許】製作

作法 動物性鮮奶油煮到微滾，加入切碎的白巧克力，拌到融勻，熄火，加入抹茶粉，拌勻，倒入白蘭地，拌勻，冷藏備用即可。

● 糖量越多，蛋白霜比重約重

打發蛋白加入的糖量越多，蛋白霜的比重會越重，用手持式電動攪拌器在打發度上不及桌上型攪拌機，而製作馬卡龍在蛋白打發程度會影響成敗，若發度不足，表面在烤焙時也會容易產生膨脹破裂的情形。

01 杏仁粉＋純糖粉＋抹茶粉，放入食物調理機打至均勻細緻（a），倒入 40℃的蛋白和綠色色膏（b），拌勻成杏仁糊（c）。※ 如無食物調理機可用篩網過篩。

02 細砂糖＋水，煮至 120℃（d）、蛋白 b 打到濕性發泡，將 120℃熱糖漿緩緩沖入濕性發泡的蛋白中（e），繼續打至半乾性發泡，以低速繼續攪拌至降溫為 40 ～ 42℃，完成打發蛋白霜（f）。

03 將打發蛋白霜分 3 次加入抹茶杏仁糊（g），攪拌至麵糊略有流動性（h~i），且麵糊拉起滴落後，紋路會在約 15 秒後消失的狀態。

04 裝入 1cm 的平口花嘴擠花袋，擠出直徑 3cm 的圓形（j），敲烤盤，放在室溫乾燥至觸碰表面不會黏手的程度（k），以上火 140℃／下火 140℃烤約 21 分鐘，取出冷卻。同時取出抹茶甘納許回軟，擠在冷卻的餅體上（l），再蓋上另一片餅體即可。

法式咖啡馬卡龍 ▶ P.278

蛋白 100：糖 265

榛果馬龍 ▶ P.280

蛋白 100：糖 290

 # 法式咖啡馬卡龍

製作份量
約 8~9g (片) ×25 組

最佳賞味
冷藏 5 天

/ 主體 配 方 /

食材	實際用量 (g)	烘焙百分比 (%)
杏仁粉	110	110
純糖粉	215	215
咖啡粉	5	5
蛋白a	50	50
蛋白b	50	50
細砂糖	50	50
total	480	480

＜咖啡甘納許＞

食材	實際用量 (g)
動物性鮮奶油	75
咖啡粉	6
調溫牛奶巧克力	80
純苦巧克力	20
威士忌	5
total	186

 研發筆記

● 【咖啡甘納許】製作

作法 動物性鮮奶油＋咖啡粉，煮到微滾，加入切碎的調溫牛奶巧克力和純苦巧克力，拌到融勻，熄火，倒入威士忌，拌勻，冷藏備用即可。

※ 製作甘納許時，如果動物性鮮奶油太少又沒有小鍋子，使用瓦斯爐加熱邊緣容易燒乾，且也不易將巧克力融化，此時建議使用微波加熱或隔水加熱會較穩定。

01 杏仁粉＋純糖粉＋咖啡粉，放入食物調理機打至均勻細緻（a），倒入蛋白a（b），拌勻成咖啡杏仁糊（c）。※ 如無食物調理機可用篩網過篩。

02 蛋白打發至表面有不規則大氣泡，分 3 次加入細砂糖（d），打發至半乾性發泡（e~f）。

03 將打發蛋白分 3 次加入咖啡杏仁糊（g~h），攪拌至麵糊略有流動性（i），且麵糊拉起滴落後，紋路會在約 15 秒後消失的狀態。

04 裝入 1cm 的平口花嘴擠花袋，擠出直徑 3cm 的圓形（j），敲烤盤，放在室溫乾燥至觸碰表面不會黏手的程度（k），以上火 140℃／下火 140℃烤約 18 ～ 21 分鐘，取出冷卻。同時取出咖啡甘納許回軟，擠在冷卻的餅體上（l），再蓋上另一片餅體即可。

榛果馬龍

/ 主體 配 方 /

食材	實際用量 (g)	烘焙百分比 (%)
即溶咖啡粉	4	8
糖粉a	90	180
榛果粉	72	144
細粒杏仁	140	280
蛋白	50	100
糖粉b	55	110
total	411	822

研|發
筆|記

● **蛋白與糖粉比例為 100：290 的配方調**

此配方蛋白與糖粉的比例已達到 100：290，製作出的餅乾體口感甜度會較高，所以配方中除了添加榛果粉外，也加入大量的細粒杏仁，可平衡降低甜度，同時也有濃郁堅果香氣，而也可在配方中加入其他五穀堅果，並可再增加比例，除了改變風味，健康營養也更加分！

01 即溶咖啡粉＋糖粉，用食物調理機攪打至成細緻咖啡糖粉末（a），加入榛果粉和細粒杏仁角，混合均勻，備用。

02 蛋白打發至表面有不規則大氣泡，分 3 次加入細砂糖（b），打發至半乾性發泡（c）。

03 將作法 1 咖啡堅果糖粉加入打發蛋白中（d），攪拌均勻成團（e）。

04 裝入 1cm 的平口花嘴擠花袋，擠出直徑 2cm 的圓形（f~g），以上火 160℃／下火 160℃ 烤約 25 分鐘即可。

店名	電話	地址
詮勝烹飪	02-2358-2769	台北市中正區忠孝東路一段 13 號 1 樓
全家（萬隆）	02-29320405	台北市中正區羅斯福路五段 218 巷 36 號
葳格甜點坊	02-2556-8096	台北市大同區承德路二段 37 巷 7 號
魔女烘焙	02-2799-2699	台北市中山區敬業一路 128 巷 51 號 2 樓
瑞盛 /I-YOU	02-8509-1686	台北市中山區大直街 110 號 1 樓
楊海銓補習班	02-2562-1786	台北市中山區中山北路一段 92 號
樂朋商行	02-2368-9058	台北市中山區和平西路一段 126 號 1 樓
多趣廚房	02-2578-7638	台北市松山區南京東路四段 118-2 號
向日葵市民	02-8771-5775	台北市松山區市民大道四段 68 巷 4 號
義興西點原料行	02-2760-8115-6	台北市松山區富錦街 578 號
手邑 / 手繹	02-2731-8806	台北市大安區仁愛里忠孝東路 4 段 48 號 8 樓
樂烘焙	02-2738-0306	台北市大安區和平東路三段 68 之 8 號
樂點屋	02-2708-8277	台北市大安區敦化南路 2 段 34 號 3 樓
日光烘焙材料專門店	02-8780-2469	台北市信義區莊敬路 341 巷 19 號
糧茂行	02-2761-3090	台北市信義區永吉路 278 巷 27 弄 6 號
飛訊烘焙	02-2883-0000	台北市士林區承德路四段 277 巷 83 號
創藝烹飪短期補習班	02-2885-0057	台北市士林區承德路四段 10 巷 78 號 1 樓
皇后烘焙	02-2835-5511	台北市士林區文林路 732 號
橙品手作 · 烘焙材料	02-2828-8896	台北市北投區義理街 64 號 1 樓
打勾勾手作 · 烘焙材料	02-2891-4576	台北市北投區中央南路一段 25 巷 7 號一樓
惠端烘焙	0986-629-736	台北市北投區清江路 32 號
春天廚房	02-2892-9333	台北市北投區中和街 368 號 1 樓
謝媽媽西點烘焙教室	02-2822-2652	台北市北投區東華街二段 340 巷 1 弄 5 號
明瑄烘焙原料行	02-8751-9662	台北市內湖區港墘路 36 號 1 樓
嘉順行	02-2631-5342	台北市內湖區五分街 25 號
橙佳坊	02-2786-5709	台北市南港區玉成街 211 號
日月清香	02-2932-9489	台北市文山區興順街 191 號
以旺幸福果子烘焙	02-2930-5273	台北市文山區溪州街 67 號 1 樓
克米烘焙	02-2272-3502	新北市板橋區文化路一段 45 巷 9 之 1 號
藍岱咖啡茶調酒餐飲班	02-8251-0803	新北市板橋區雙十路二段 70 巷 25 號 1 樓
伯爵商店	0975-936968	新北市汐止區翠峰街 21 巷 1 弄 2 號
小陳烘焙材料行	02-2647-8153	新北市汐止區中正路 197 號
鬥牛犬法式	02-2916-0897	新北市新店區北新路一段 297 巷 27 號
佳緣新店	02-2918-4889	新北市新店區寶中路 83 號
勤居生活廣場	02-2674-8188	新北市三峽區民生街 31 號 1 樓
馮嘉慧	0925-911-889	新北市三峽區學成路 260 號之 3 號 7 樓
全家（中和）	02-22450396	新北市中和區景安路 90 號
豪品烘焙材料行	02-8982-6884	新北市三重區信義西街 7 號
家藝烘焙材料行	02-8983-2089	新北市三重區重陽路一段 113 巷 1 弄 38 號 1 樓
三重快樂媽媽	02-2287-6020	新北市三重區永福街 242 號
麗莎食品原料	02-8201-8458	新北市新莊區四維路 152 巷 5 號
樂活 DIY 烘焙	02-2900-1232	新北市泰山區仁德路 123 號 1 樓
果子烘焙器具材料行	02-2848-1010	新北市蘆洲區永康街 75 號
愛在一起 ~ 手作。料理。烘焙	0921-102-547	新北市新莊區中榮街 56 巷 3-1 號
溫馨屋	02-2621-4229	新北市淡水區英專路 78 號
三玉烘焙坊	02-2808-4427	新北市淡水區竹圍里民族路 31 巷 10 號
焙客力有限公司	02-2609-5810	新北市林口區公園路 199 號
基隆富盛	02-2425-9255	基隆市曲水街 18 號
焙趣坊	03-335-8135	桃園市桃園區泰成路 62 巷 67 之 2 號
好萊屋民生	03-333-1879	桃園市桃園區民生路 475 號
好萊屋復興	03-333-1879	桃園市桃園區復興路 345 號

好萊屋中壢	03-422-2721	桃園市中壢區中豐路 176 號
全國食材	03-3316508	桃園市桃園區大有路 85 號
親子玩樂廚房	0963-370072	桃園市中壢區自強一路 42 號 6 樓之 9
做做看烘焙材料	03-318-0488	桃園市龜山區復興北路 88 號
桃園快樂烘焙	0910-957456	桃園市桃園區寶山街 58 巷 33 號
中壢艾佳食品材料行	03-468-4558	桃園市中壢區環中東路二段 762 號
富春廚藝教室	03-491-9142	桃園市中壢區明德路 260 號 4 樓
中壢萬昌食品材料行	03-492-4558	桃園市平鎮區環南路 66 巷 18 弄 30 號
慧盈	03-488-2238	桃園市楊梅區新成路 23 號
陸光烘焙	03-362-9783	桃園市八德區陸光街 1 號
翊澄	03-4890112	桃園市龍潭區華南路一段 112 號
小熊烘焙屋	03-5726228	新竹市光明里大學路 212 號 1 樓
好萊屋 - 新竹	03-657-3458	新竹縣光明三路 73 號
富毓烘焙	03-532-7008	新竹市中華路二段 86 號
葉記西點烘焙材料	03-531-2055	新竹市鐵道路二段 231 號
36 廚房	03-553-5719	新竹縣竹北市文明街 36 號
優麥食品材料行	03-748-2225	苗栗市竹南鎮環市路二段 106 號
苗栗小東方烘焙坊	0932-823166	苗栗縣苗栗市國華路 901 號
花蓮小東方	03-8512550	花蓮縣吉安鄉仁里一街 141 號
冠廚	0912-887-485	花蓮縣花蓮市球崙一路 267 號
久豐麵粉烘焙教室	04-2213-9088	台中市旱溪西路一段 502 號
漢泰食品原料	04-2522-8618	台中市豐原區直興街 76 號
豐圭烘焙材料	04 2529-6158	台中市台中市豐原區市政路 24 號
永誠行	04-22249876	台中市西區民生路 147 號
清水海線烘焙	04-2628-2099	台中市清水區民治東路 52 號
糖藝	04-2406-0138	台中市大里區東興路 535 巷 6 弄 8 號
大里小東方	04-2406-8805	台中市大里區爽文路 917 號
永明烘焙材料	04-752-5349	彰化市彰草路 7 號
金永誠烘焙材料	04-832-2811	彰化市彰化縣員林鎮永和街 22 號
協美烘焙材料	05-631-2819	雲林縣虎尾鎮中正路 360 號
CC COOKING	0933-000-720	雲林縣斗六市仁愛路 22 號
彩豐食品行	05-534-8479	雲林縣斗六市西平路 137 號
阿潘肉包	05-232-7443	嘉義市文化路 447 號
朵雲烘焙教室	06-2907762	台南市東區自由路 1 段 33 號
翹翹板有限公司	06-2144-783	台南市南區大林路 87 號
台南旺來鄉	06-2498701	台南市仁德區中山路 797 號 1 樓
烘焙樂工坊	06-275-50005	台南市東寧路 510 巷 37 號
墨菲手工蛋糕烘焙教室	06-249-3838	台南市仁德區仁義一街 80 號
旺來昌（公正）	07-713-5345	高雄市前鎮區（籬仔內）公正路 181
旺來昌（博愛）	07-345-3355	高雄市左營區博愛三路 466 號
旺來昌（右昌）	07-301-2018	高雄市楠梓區壽豐路 385 號
旺來興	07-370-2223	高雄市鳥松區本館路 151 號
旺來興明誠	07-550-5991	高雄市鼓山區明誠三路 461 號
崴達（樂料理）	07-5378628#411	高雄市前鎮區復興四路 18 號
愛烘焙	0929-057557	高雄市左營區文自路 613 號
第禮修斯	0939-520137	高雄市苓雅區五福一路 137 號
愛奶客	08-737-2322	屏東市華正路 158 號
完美烘焙材料坊 （烘焙木作坊）	03-463-3034	雅虎拍賣：http://yahoo.finebaking.com.tw/ 露天拍賣：http://pchome.finebaking.com.tw/

餅乾研究室 II　暢銷典藏版

口感造型全面提升！七大原料深入解析，配方研發終極寶典大公開

作者	林文中
企劃編輯	張淳盈
平面攝影	王正毅
封面設計	TODAY STUDIO
內頁設計	謝佳惠
社長	張淑貞
總編輯	許貝羚
主編	張淳盈
行銷	曾于珊
發行人	何飛鵬
事業群總經理	李淑霞
出版	城邦文化事業股份有限公司　麥浩斯出版
	地址：104台北市民生東路二段141號8樓
	電話：02-2500-7578
	購書專線：0800-020-299
製版印刷	凱林印刷事業股份有限公司
總經銷	聯合發行股份有限公司
地址	新北市新店區寶橋路235巷6弄6號2樓
電話	02-2917-8022
版次	二版5刷　2023年8月
定價	新台幣499元／港幣166元
	Printed in Taiwan
	著作權所有‧翻印必究（缺頁或破損請寄回更換）

國家圖書館出版品預行編目（CIP）資料

餅乾研究室 II 暢銷典藏版：口感造型全面提升！七大原料深入解析，配方研發終極寶典大公開／林文中著--二版--臺北市：麥浩斯出版：家庭傳媒城邦分公司發行，2019.12　288面；19×26公分　ISBN 978-986-408-434-0（第2冊：平裝）　1.點心食譜　2.餅乾

427.16　　　　　　　　　　　107017729

台灣發行　英屬蓋曼群島商家庭傳媒股份有限公司城邦分公司
地址：104台北市民生東路二段141號2樓
讀者服務電話：0800-020-299（9:30AM ～ 12:00PM；01:30PM ～ 05:00PM）
讀者服務傳真：02-2517-0999　讀者服務信箱：E-mail：csc@cite.com.tw
劃撥帳號：19833516　戶名：英屬蓋曼群島商家庭傳媒股份有限公司城邦分公司

香港發行　城邦〈香港〉出版集團有限公司
地址：香港灣仔駱克道193號東超商業中心1樓
電話：852-2508-6231　傳真：852-2578-9337

馬新發行　城邦〈馬新〉出版集團Cite(M) Sdn. Bhd.(458372U)
地址：41, Jalan Radin Anum, Bandar Baru Sri Petaling, 57000 Kuala Lumpur, Malaysia
電話：603-90578822　傳真：603-90576622

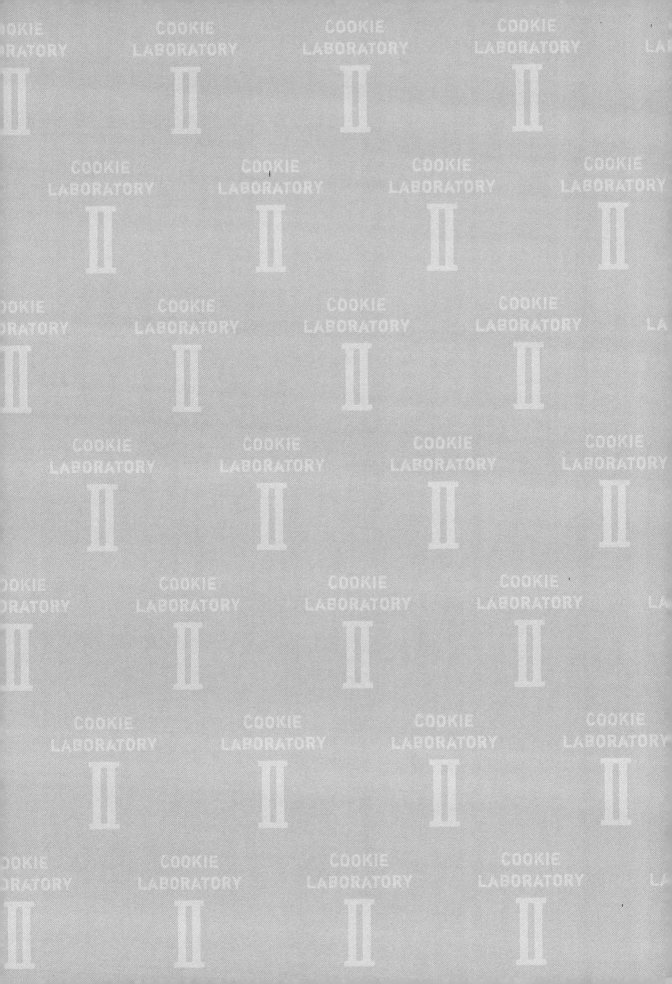